Trends and Reviews in Logic
Vol. 1, No. 2, Nov. 2022

逻辑学动态与评论

第一卷 第二辑

主编 张建军

主办单位：中国逻辑学会
江苏省逻辑学会

承办单位：南京大学现代逻辑与逻辑应用研究所

中国社会科学出版社

图书在版编目（CIP）数据

逻辑学动态与评论．第一卷．第二辑／张建军主编．—北京：中国社会科学出版社，2022.11

ISBN 978-7-5227-1089-1

Ⅰ.①逻… Ⅱ.①张… Ⅲ.①逻辑学—文集 Ⅳ.①B81-53

中国版本图书馆 CIP 数据核字(2022)第 232037 号

出 版 人　赵剑英
责任编辑　郭曼曼
责任校对　赵雪姣
责任印制　王　超

出　　版　中国社会科学出版社
社　　址　北京鼓楼西大街甲 158 号
邮　　编　100720
网　　址　http://www.csspw.cn
发 行 部　010-84083685
门 市 部　010-84029450
经　　销　新华书店及其他书店

印　　刷　北京明恒达印务有限公司
装　　订　廊坊市广阳区广增装订厂
版　　次　2022 年 11 月第 1 版
印　　次　2022 年 11 月第 1 次印刷

开　　本　787×1092　1/16
印　　张　13.75
字　　数　241 千字
定　　价　78.00 元

目　　录

◇前沿聚焦

◇逻辑史论苑

◇◇学术评论

◇◇逻辑教育动态

◇◇学术活动信息

Main Contents

前沿聚焦

塔斯基的符合真理论及对异议的回应

伊尔卡·尼尼鲁托
（芬兰赫尔辛基大学哲学系）

摘　要[①]：尼尼鲁托在本文中指出，塔斯基对于真的最初定义及其之后在模型论中的阐述，是对经典符合真理论的一种澄清。在为塔斯基辩护并对他的一些批评者加以反驳的过程中，展示了这种真理学说如何能够以一种符合哲学要求的方式得以构建、理解与进一步发展。本文的整体目标是将非认知性的符合真理论作为似真性概念的一个基础；而该概念又是批判性科学实在论哲学规划所不可或缺的一个要素。塔斯基在模型论中将真定义为一个给定语言 L 和一个集合论结构 W 之间的一种关系：通常 L 是一个一阶语言，L 与 W 之间的关系由一个解释函数 I 所建立，它将 L 中的非逻辑常项映射到 W 中的 X 域上。这个"在一个模型中的真"的一般概念与塔斯基早期语义学是一脉相承的。在已有解读中，有些学者或批评塔斯基没有定义真、没有阐明真的本性，或批评他的学说只是一种去引号理论，并非真的符合论，预设了形而上学实在论等。这些观点在尼尼鲁托看来都未把握住塔斯基有关真的定义的精髓，因而都不成立。

关键词：塔斯基；符合真理论；真；模型论；语义学

在本文中我将支持如下论题，塔斯基（A. Tarski）对于真的最初定义及其之后在模型论中的阐述，是对经典符合真理论的一种澄清。在为塔斯基辩护并对他的一些批评者加以反驳的过程中，[②] 我希望能够表明这种真理学说如何能够以一种符合哲学要求的方式得以构建、理解与进一步发展。我的整体目标是将非

---

① 原文无摘要，本文中英文摘要及关键词，是译者根据编辑部要求增加的。——编者注

② I. Niiniluoto, "Defending Tarski against His Critics", in J. Woleński (ed.), *Sixty Years of Tarski's Definition of Truth*, Krakow: Philed, 1994, pp. 48–68.

认知性的符合真理论作为似真性（truthlikeness）或逼真性（verisimilitude）概念的一个基础；而该概念又是批判性科学实在论（critical scientific realism）哲学规划所不可或缺的一个要素。①

一 模型论中的真

在19世纪下半叶，数学家们开始研究不同系统或结构中代数与几何公理的"可满足性"。模型论作为数理逻辑的分支，便是这些研究的一个结果。② 许多重要的结论由勒文海姆（L. Loewenheim）、斯科伦（T. Skolem）与哥德尔（K. Gödel）在1915年之后得出，这甚至要早于塔斯基在20世纪30年代早期对满足与真的直觉概念的精确界定。③ 模型论的成熟形式由塔斯基在20世纪50年代提出，④ 并由此成为数理逻辑教科书中真概念的标准定义。⑤

在模型论中，真被定义为一个给定语言 L 中的语句和一个集合论结构 W 之间的一种关系。通常 L 是一个一阶语言。L 与 W 之间的关系由一个**解释函数** I 所建立，它将 L 中的非逻辑常项映射到 W 中的 X 域上（也即函数 I 将个体常项映射为 X 中的元素，将谓词映射为 X 的子集以及映射为 X 中的关系，并将函数符号映射为 X 中的函数）。因而，一个具有二元谓词 Q 的原子语句为真的定义就是：

（1）$W \vDash Q(a_1, a_2)$ 当且仅当 $< I(a_1), I(a_2) > \in I(Q)$

① I. Niiniluoto, *Is Science Progressive?*, Dordrecht: D. Reidel, 1984; I. Niiniluoto, *Truthlikeness*, Dordrecht: D. Reidel, 1987.

② W. Hodges, "Truth in a Structure", *Proceedings of the Aristotelian Society*, 1986, 86, pp. 135 – 152.

③ R. Vaugth, "Model Theory before 1945", in L. Henkin *et al.* (eds.), *Proceedings of the Tarski Symposium*, Providence, RI: American Mathematical Society, 1974, pp. 153 – 172. 塔斯基的经典论文于1933年以波兰语发表，1936年以德语发表。英译本参见 A. Tarski, *Logic*, *Semantics*, *Metamathematics*, Oxford: Oxford University Press, 1956, Ch. Ⅷ. 在1935年巴黎召开的一次国际会议上，塔斯基在公开报告中提出"科学语义学"计划。

④ A. Tarski, "Contributions to the Theory of Models Ⅰ – Ⅲ", *Indacationes Mathematicae*, 1954 – 1955, 16, pp. 572 – 588; 17, pp. 56 – 64 (Reprinted in A. Tarski, *Collected Papers* 3: 1945 – 1957, Basel-Boston-Stuttgart: Birkhauser, 1986, pp. 515 – 547); A. Tarski and R. Vaught, "Arithmetical Extensions of Relational Systems", *Compositio Mathematicae*, 1957, 13, pp. 81 – 102 (Reprinted in A. Tarski, *Collected Papers* 3: 1945 – 1957, Basel-Boston-Stuttgart: Birkhauser, 1986, pp. 653 – 674).

⑤ J. D. Monk, *Mathematical Logic*, New York: Springer-Verlag, 1976.

并且对于一个析取语句 A ∨ B 来说：

(2) $W \vDash A \vee B$ 当且仅当 $W \vDash A$ 或者 $W \vDash B$.

当 L 包含量词时，首先，一个公式（相对于一个 X 的元素的序列）的**满足**概念是通过对公式的句法复杂度递归定义的。进而一个语句的**真**概念是通过被 X 中元素的一个（因而也是每个）序列所满足而定义的。[①]

一个 L 结构 W 通常被定义为一个由论域 X 和从 L 到 X 的解释函数 I 组成的序对（X, I）。[②] 那么语言 L 是一个未经解释的句法实体，并借由 W 而得到解释。X 和 I 的变化给我们提供了所有 L 结构的集合，这些结构可以通过 L 中词汇的类型而得以区分。[③] 或者在给定了语言 L 的非逻辑符号（个体常项、一元谓词、二元谓词等）枚举后，一个 L 结构可以被刻画为一个相对系统 $W =$（X, s_1, …, D_1, …, R_1, …），也即一个论域 X，它包含指定的元素 s_1, …，子集 D_1, …，关系 R_1, …，等等。这是塔斯基所支持的方法，[④] 但他并未将解释函数 I 加以清晰化。不过非常清楚的是，此处预设了从 L 到 W 的函数 I，因此 W 中指定的元素就是 L 中词汇的 I-像。

在数学中，L 可以是形式算术的语言，W 可以是自然数的结构。L 中算术陈述的真值取决于它们同“标准模型” W 中算术事实之间的关系。同样的方法可以运用在同一类型的其他结构 W' 中，这些结构可以通过在同一自然数论域中使用不同解释函数获得，或选择不同的论域而获得。关键在于解释函数在语言实体和外在于语言的对象论域之间建立起了关联。在此意义上算术中的真是基

---

① 博弈论提供了定义一个复杂语句真值的另一种方法（参见 J. Hintikka, *Principles of Mathematics Revisited*, Cambridge: Cambridge University Press, 1996）。它最终成为分析自然语言语义学某些方面灵活而又有用的工具。亨迪卡的语义博弈采用了一种对量词的对象化解释，在其中原子公式由一个给定论域中的对象所满足。原子语句的真值由类型（1）的条款定义。因此，如同塔斯基的定义，博弈论的定义能够被视为符合真理论的一种形式。

② 比如，J. D. Monk, *Mathematical Logic*, New York: Springer-Verlag, 1976。

③ 研究所有 L 结构类的集合论和拓扑学结构，是模型论的重要工作。Cf. J. Bell and A. Slomson, *Models and Ultraproducts*, Amsterdam: North-Holland, 1969.

④ A. Tarski, "Contributions to the Theory of Models Ⅰ－Ⅲ", *Indacationes Mathematicae*, 1954－1955, 16, pp. 572－588; 17, pp. 56－64 (Reprinted in A. Tarski, *Collected Papers* 3: 1945－1957, Basel-Boston-Stuttgart: Birkhauser, 1986, pp. 515－547); A. Tarski and R. Vaught, "Arithmetical Extensions of Relational Systems", *Compositio Mathematicae*, 1957, 13, pp. 81－102 (Reprinted in A. Tarski, *Collected Papers* 3: 1945－1957, Basel-Boston-Stuttgart: Birkhauser, 1986, pp. 653－674).

于语言和数学实在之间的一种"符合"。①

塔斯基意识到说谎者悖论驳斥了将一个真谓词指派到我们的整体"口头"语言中的尝试。但这并不意味着他对于其语义学理论在自然语言中的可适用性是"彻底怀疑的"。② 塔斯基曾指出,③ 除了逻辑学家意义上的形式语言，还有自然语言（包括特定的科学语言）的部分或片段可能至少在近似意义上满足如下条件，即它们的句法是良定义的，并且它们语句的真值可以在一种合适的元语言中得到一致地论述。④ 他也给出了语义学可以应用于自然语言语句的例子（比如，"雪是白的"）。

当模型论语义学应用于自然语言的一个片段 L 时，我们同样可以在 L－结构 W 中讨论 L 中语句的真值。如果 X^* 是现实世界中存在的对象所构成的一个论域，并且如果解释函数 I^* 将 L 的句法对象映射到它们在论域 X^* 中的外延时，那么当 L 的一个语句在 $W^* = (X^*, I^*)$ 中为真时，该语句**在现实中为真**。⑤

二 塔斯基的早期语义学

有关塔斯基真理论的哲学争论，通常涉及他在 1936 年和 1944 年发表的文章。因此，将这两篇文章的内容同其模型论真理概念加以对比颇有助益。

塔斯基发表于 1936 年的文章提出了类演算语言中"满足"概念的递归性定义。在其中，序列中的对象是类（集合）。同时他也勾勒出有穷序语言中的定义，该定义又将模型论中熟悉的一阶语言作为特殊情形包括在内。

霍奇斯（W. Hodges）鲜明地详述了模型论和塔斯基早期语义学工作之间的差异。⑥ 他论证了模型论的核心观点，即"未经解释的常项在应用于一个特定结构时获得解释"，在塔斯基 1936 年的经典论文中尚无踪影。此外，他断言，塔

---

① I. Niiniluoto, "Reality, Truth, and Confirmation in Mathematics-Reflections on the Quasi-Empiricist Programme", in J. Echeverria, A Ibarra, and T. Mormann (eds.), *The Space of Mathematics*, Berlin-New York: Walter de Gruyter, 1992, pp. 60 – 78.

② 这与哈克的观点不同。Cf. S. Haack, *The Philosophy of Logics*, Cambridge: Cambridge University Press, 1978, p. 120。

③ A. Tarski, "The Semantic Conception of Truth and the Foundations of Semantics", *Philosophy and Phenomenological Research*, 1944, 4, pp. 341 – 376.

④ J. Woleński, "Tarski as a Philosopher", in F. Coniglione, R. Poli, and J. Wolenski (eds.), *Polish Scientific Philosophy: The Lvov-Warsaw School*, Amsterdam: Rodopi, 1993, pp. 319 – 338.

⑤ E. LePore, "What Model Theoretic Semantics Cannot Do?", *Synthese*, 1983, 54, pp. 167 – 188.

⑥ W. Hodges, "Truth in a Structure", *Proceedings of the Aristotelian Society*, 1986, 86, pp. 135 – 152.

斯基对于真的定义可以通过如下两种方式加以“调整”，以使其可适用于将非逻辑常项与其他语汇区分开来的一阶语言：首先，通过将真之定义应用于“只有经过解释之后的”语言之中；其次，将非逻辑常项视为变项。

不过上述论证忽略了如下事实，即塔斯基明确地把关注限制在已得到解释的语言。[①] 在塔斯基看来，语言被假设是在由所有对象构成的论域 X^* 中得到解释的，但解释函数却尚不明确。他允许同样的句法表达可以在一种语言中为真，但在另一种语言中为假。[②] 不过在他的学说中，这等同于存在两种不同的解释和两种不同的语言。

霍奇斯进一步论证说“结构”概念以及“结构中的真”只出现在塔斯基 1952 年的作品中。对此我并不赞同。[③] 对我而言，我们可以将塔斯基的早期学说视为其模型论方法的一个特例，也即他的经典论文界定了一个真的绝对概念，在其中包含**一切对象**的论域 X^* 被假设为已经给定的。不过参考“以希尔伯特为核心的哥廷根学派”，他指出也存在真的相对概念，即“在一个个体域 a 中正确或为真的语句”。[④] 这意味着“我们将相关个体的外延局限在 a 这个给定的类中”，其中 a 是论域 X^* 的一个子论域。比如，这样的特定论域可以被各个特定学科所研究。[⑤] 进而真的绝对概念与在“所有个体组成的类”中具有正确性含义相同。[⑥]

沃伦斯基（J. Woleński）与西蒙斯（P. Simons）认为，[⑦] 塔斯基对于绝对真概念的全神贯注源自里沃夫—华沙学派（Lvov-Warsaw school）的哲学传统。毋庸置疑，塔斯基的观点深受特瓦多夫斯基（K. Twardowski）、柯塔宾斯基（T. Kotarbiński）与勒希涅夫斯基（S. Lesniewski）的影响，以及得到他们支持的

---

① A. Tarski, *Logic*, *Semantics*, *Metamathematics*, Oxford: Oxford University Press, 1956, pp. 166 – 167. 但是应当注意的是，塔斯基并不相信在逻辑和非逻辑项之间做出唯一或“清晰”区分的可能性（A. Tarski, *Logic*, *Semantics*, *Metamathematics*, pp. 418 – 419）。这成为 1929 年之后他与卡尔纳普之间争论的主题。卡尔纳普试图维系该二分法来建立分析真理与综合真理之间的区分。Cf. R. Carnap, *Introduction to Semantics*, Cambridge, MA: Harvard University Press, 1942, p. vii.

② A. Tarski, *Logic*, *Semantics*, *Metamathematics*, Oxford: Oxford University Press, 1956, p. 152.

③ I. Niiniluoto, “Defending Tarski against His Critics”, in J. Woleński (ed.), *Sixty Years of Tarski's Definition of Truth*, Krakow: Philed, 1994, pp. 48 – 68.

④ A. Tarski, *Logic*, *Semantics*, *Metamathematics*, Oxford: Oxford University Press, 1956, p. 199.

⑤ A. Tarski, *Logic*, *Semantics*, *Metamathematics*, p. 239.

⑥ A. Tarski, *Logic*, *Semantics*, *Metamathematics*, p. 207.

⑦ J. Woleński, and P. Simons, “De Veritate: Austro-Polish Contributions to the Theory of Truth from Brentano to Tarski”, in K. Szaniawski (ed.), *The Vienna Circle and the Lvov-Warsaw School*, Dordrecht: Kluwer, 1989, pp. 391 – 442.

将真理解为陈述与事实之间符合的传统亚里士多德式定义观点的影响。[①] 尽管塔斯基对于“真之哲学问题”发表过讽刺性言论,[②] 但他在解释自己正在做的工作时，明确地显示出他正试图定义**现实的**（*actual*）**或实质的真**（*material truth*）概念，也即在现实世界中的真。这一绝对概念唯一可行的相对化方案，实际上就是限定相关对象论域的想法。

塔斯基由如下观点入手，即存在着一个世界 W^*，但存在着诸多语言 L，L'，…（这些语言可能是不同自然语言或形式与经验科学语言的片段）。在他 1935 年有关语义学科学进路的演讲中，塔斯基抱怨说先前的尝试“似乎是在世界中只存在一种语言”的条件下展开的。[③] 此外，作为一个句法实体的语言 L（也即 L 的表达的标记［tokens］）被视为实在的一部分。如果 L 的表达在其语义元语言 ML 中具有名称，那么 ML 就能够表达 L 中的语言表达与（其余的）世界 W^* 之间的关系。[④] 塔斯基有关这种表现语言和世界中对象之间的语义关系的元语言陈述的例子包括：

（3）“耶拿的胜利者”这个表达式指拿破仑。

（4）雪满足“x 是白的”这个条件。

另一个例子就是著名的 T 等值式，它是塔斯基真之定义中的实质充分性条件[⑤]：

（T）x 当且仅当 p

其中 x 是 L 中一个语句的名称，而 p 是 ML 中对此语句的翻译。如果 L 被包含在 ML 中，并且表达式的名称由引号标记构成,[⑥] 那么我们就获得（T）的一

---

① J. Woleński, “Tarski as a Philosopher”, in F. Coniglione, R. Poli, and J. Wolenski (eds.), *Polish Scientific Philosophy*: *The Lvov-Warsaw School*, Amsterdam: Rodopi, 1993, pp. 319 – 338.

② A. Tarski, “The Semantic Conception of Truth and the Foundations of Semantics”, *Philosophy and Phenomenological Research*, 1944, 4, pp. 341 – 376.

③ A. Tarski, *Logic*, *Semantics*, *Metamathematics*, Oxford: Oxford University Press, 1956, p. 402.

④ A. Tarski, *Logic*, *Semantics*, *Metamathematics*, p. 403.

⑤ A. Tarski, *Logic*, *Semantics*, *Metamathematics*, p. 188.

⑥ A. Tarski, “The Semantic Conception of Truth and the Foundations of Semantics”, *Philosophy and Phenomenological Research*, 1944, 4, pp. 341 – 376.

个著名例示：

（5）"雪是白的"为真当且仅当雪是白的。

当塔斯基在 1935 年巴黎会议的演讲中提出他对于**逻辑后承**（logical consequence）的定义时，[①] 他需要有关模型的一般性概念。根据塔斯基，一个语句 A 在逻辑上得自语句集合 K，当且仅当"集合 K 的每个模型同时也是语句 A 的一个模型"。[②] 此外，一个语句是**分析性的**（或逻辑真）当且仅当"对象的每个序列都是该语句的模型"。[③] 但若 L 已经是一个得到解释的语言，L 中的语句 A 又如何能够有不同的模型呢？塔斯基通过借用霍奇斯所倡导的第二种"调整"来解决这个问题。[④] 假设存在着逻辑和非逻辑常项（extra-logical constants）的区分，并以相应的变项替代语句 A 中出现的非逻辑常项（比如，用个体变项取代个体常项，谓词变项取代谓词）。让替换后的公式为 A'。塔斯基说，那么任何满足 A' 的对象序列就是 A 的一个模型或实现。[⑤]

显然此处"在一个模型中的真"这个一般概念已然被预设。塔斯基并没有明言他的"模型"或"对象的任意序列"源自何处，但可以确切地假设：与他 1936 年的论文一致，这些模型或序列是"一切对象"的论域 X^* 的元素和子类。

塔斯基的早期工作因此是亨迪卡（J. Hintikka）[⑥]称为语言作为**一种普遍中介**（一个世界—一个语言）与**语言作为一种演算**（许多世界—许多语言）两种观念之间的中间立场（一个世界—许多语言）。[⑦] 口头语言作为整体具有一种普

---

① J. Etchemendy, "Tarski on Truth and Logical Consequence", *Journal of Symbolic Logic*, 1988, 53, pp. 51 – 79.

② A. Tarski, *Logic*, *Semantics*, *Metamathematics*, Oxford: Oxford University Press, 1956, p. 417.

③ A. Tarski, *Logic*, *Semantics*, *Metamathematics*, p. 419.

④ W. Hodges, "Truth in a Structure", *Proceedings of the Aristotelian Society*, 1986, 86, pp. 135 – 152.

⑤ A. Tarski, *Logic*, *Semantics*, *Metamathematics*, Oxford: Oxford University Press, 1956, p. 417. 值得强调的是，"序列"在此包括谓词变项的解释。比如，A 是语句"所有结婚的人都结婚了"。那么使用 P_1 和 P_2 作为谓词变项，A′就会有如下形式，即（对于一切 x）（如果 P_1x 和 P_2x，那么 P_1x）。这一开公式由作为原始语句一个模型的序列 <红色，番茄> 所满足。事实上，语句 A 在此是逻辑真的，并且被类的所有序列（也即所有对）所满足。

⑥ J. Hintikka, *Lingua Universalis vs. Calculus Ratiocinator: An Ultimate Presupposition of Twentieth-Century Philosophy*, Dordrecht: Kluwer, 1997.

⑦ M. Kusch, *Language as Calculus vs. Language as Universal Medium: A Study in Husserl, Heidegger, and Gadamer*, Dordrecht: Kluwer, 1989.

遍的特征,[①] 但对于人为构造的形式语言和自然语言片段而言,“科学语义学”依然是可能的。对于将“科学语义学”应用于自然语言片段这个目的来说,自然语言必须被分解为一个由元语言组成的层级结构。[②] 塔斯基 1935 年有关逻辑后承的论文向模型论的成熟形式迈出了步伐,关系性的“模型中的真”是其中的基本概念。演算观点完全形态的最后一步是通过可能世界语义学完成的,抛弃了单一论域的假设。[③] 在此框架内,“在一个可能世界中的真”是基本概念,而现实的或实质的真就是真之一般观念的一种特殊情况,它们通过为现实世界选择一个适切的集合论代表来作为相关模型而获得(参看本文第一部分)。

在接下来的部分会讨论对于塔斯基真理论的一些异议。

三 第一类异议

主张: 塔斯基并未定义真,只是对于可变的 L 而言定义了谓词“在 L 中为真”。他并没有告诉我们这些特定语言的例证有何共同之处。[④] 事实上,试图定义真甚至是愚蠢的。[⑤]

回应: 塔斯基表明自己在试图澄清经典的符合真理论。[⑥] 澄清通常并不是由(具有“真是……”形式的)清晰定义完成的,而是通过由较简单的案例向更为复杂的案例一步步推进完成的。典范性应用可以被扩展到类似的新案例中,为的是使特定的被规定的充分性条件得到满足。对于试图澄清诸如归纳、确证与

① A. Tarski, *Logic*, *Semantics*, *Metamathematics*, Oxford: Oxford University Press, 1956, p. 164.

② A. Tarski, *Logic*, *Semantics*, *Metamathematics*, p. 267.

③ 单一域的假设在许多之后的语义学理论中得到支持(cf. J. Hintikka, *Lingua Universalis vs. Calculus Ratiocinator*: *An Ultimate Presupposition of Twentieth-Century Philosophy*, Dordrecht: Kluwer, 1997, p. 200)。比如,卡尔纳普的状态描述代表着个体组成的一个给定世界的可替代的可能状态。如果我们愿意在已接受的本体论中容纳所有源自物理对象和数学实体的集论结构,那么就连模型论也与此进路兼容。可能世界语义学中允许结构具有一个由可能个体组成的论域,走向这种语义学的路径由亨迪卡和康格尔(S. Kanger)在 20 世纪 60 年代提出。但即便在此传统下,不同版本的单一论域假设在克里普克(S. Kripke)和蒙塔古(R. Montague)的著作中发挥着作用(cf. Hintikka, *ibid.*)。

④ D. Davidson, “The Structure and Content of Truth”, *Journal of Philosophy*, 1990, 87, pp. 279 - 328.

⑤ H. Putnam, “Sense, Nonsense, and the Senses: An Inquiry into the Powers of the Human Mind”, *Journal of Philosophy*, 1994, pp. 445 - 517; D. Davidson, “The Folly of Trying to Define Truth”, *Journal of Philosophy*, 1994, pp. 263 - 278.

⑥ A. Tarski, *Logic*, *Semantics*, *Metamathematics*, Oxford: Oxford University Press, 1956, pp. 152 - 155; J. Woleński and p. Simons, “De Veritate: Austro-Polish Contributions to the Theory of Truth from Brentano to Tarski”, in K. Szaniawski (ed.), *The Vienna Circle and the Lvov-Warsaw School*, Dordrecht: Kluwer, 1989, pp. 391 - 442; R. L. Kirkham, *Theories of Truth*: *A Critical Introduction*, Cambridge, MA: MIT Press, 1992, p. 170.

似真性等概念的哲学研究活动而言，这一过程并不陌生。① 同样典型的情况是，对于一种关系的澄清需要根据不同的应用类型而以不同方式确定。②

塔斯基对真的语义学进路（为戴维森与其他学者所延续）即遵循上述澄清模式。他早期论文为集合理论和一阶逻辑定义真，后期工作则拓展到自然语言片段、科学理论语言、索引表达、模糊陈述、内涵语言等新的情形中。在所有这些情形中，真预设了句法实体与结构或对象论域之间的一个解释，并运用了对于语句复杂度的递归，以及作为实质充分性条件的 T 等值式。

四 第二类异议

主张：塔斯基并没有阐明真的本性，因为他的"满足"条件中仅列出了谓词与对象的类。③ 为了定义真的概念，仅指定一种语言中真语句的类是不够的。④ 塔斯基并未给我们提供一种真理论，该理论中真表现为语句的实质属性，或是表现为语言—世界的真正关系且这种关系的本性构成其例示。⑤ 塔斯基在他的定义中不得不使用未经定义的语义项，因为约定 T 预设了翻译的概念。⑥

回应：塔斯基给出了满足的一般图式，即：

（Sat）对象 b 满足"x 是 P"当且仅当 b 是 P^*。

其中 P^* 是经元语言翻译后的 P。⑦ 这与其真之约定 T 是相同的。但 Sat 只是一个充分性条件，并且没有说明词项如何得到解释。由于塔斯基的定义是相对于解释函数 I 的，菲尔德（H. Field）认为塔斯基展示了如何将真概念还原为指称概念的观点是正确的。塔斯基从未给出有关单称或一般词项的指称理论，但他的解释却同许多哲学观点相兼容。特别是如菲尔德所说，在模型理论中函数 I

① I. Niiniluoto, *Truthlikeness*, Dordrecht: D. Reidel, 1987.

② 比如，参见我对相似性概念的讨论。I. Niiniluoto, *Truthlikeness*, Dordrecht: D. Reidel, 1987, Ch. 1.

③ H. Field, "Tarski's Theory of Truth", *Journal of Philosophy*, 1972, pp. 347 –375.

④ E. Stenius, *Critical Essays II*, Helsinki: The Philosophical Society of Finland, 1989.

⑤ F. Stoutland, "Do We Need Correspondence Truth?", in Jaroslav Peregrin (ed.), *Truth and its Nature (If Any)*, Dordrecht: Kluwer, 1999, pp. 81 –90.

⑥ D. Davidson, "The Structure and Content of Truth", *Journal of Philosophy*, 1990, 87, pp. 279 –328.

⑦ A. Tarski, *Logic, Semantics, Metamathematics*, Oxford: Oxford University Press, 1956, p. 192.

无须立足于一种物理关系之上。[①]

塔斯基强调T等值式并非是真之定义，而是从一个定义中应当得出的充分性条件。但是他又误导性地宣称在语言 *L* 中所有T等值式的无限合取可以构成一个真之定义。[②] 此时我们接近于混淆了定义真概念与指定一种语言中真语句的类。[③] 斯特纽斯（E. Stenius）认为卡尔纳普也表现出了这种混淆。[④] 但就此而言，我认为卡尔纳普在20世纪30年代末40年代初的语义学处理似乎比塔斯基自己的解释更令人满意。[⑤]

卡尔纳普澄清了语义系统S中的**指派**（designation）函数des，它对应于作为被解释语言的序对（*L*, *I*）。[⑥] 在卡尔纳普看来，指派是一种语言—世界关系：个体常项指示个体对象，谓词指示属性。与塔斯基的条件相似的递归定义显示了语句如何指示命题。比如，如果 *b* 指示伦敦并且 *P* 指示大这个属性，那么 *P*（*b*）指示如下命题，即伦敦很大［参看上文中的条件（1）］。复合句则按类型（2）的要求加以处理。进而一个语义系统S中一个语句的真由下述条件定义：

（C）语句 *s* 在 *S* 中为真，当且仅当存在一个命题 *p* 使得 *s* 在 *S* 中指示 *p* 并且 *p*。

条件C类似于塔斯基的T，但它显然要比T更强，因为此时语句 *s* 及其真值条件 *p* 之间的语义联系借助指示（意指、说出）关系而得以澄清。又由于语句的指示关系由塔斯基的递归定义所给出，该关系在此并非未经定义的语义概念。卡尔纳普同样也注意到了该公式化表述避免了如下指责，即语义学定义“不是

---

① 普特南［H. Putnam, “On Truth”, in L. Cauman et al.（eds.）, *How Many Questions?*, Indianapolis: Hackett, 1983, pp. 35–56］主张如下T等价式（＊）“Schnee ist weiss” is true iff snow is white 在诸如“Schnee ist Weiss”意味着水是液态的这种反事实情形中也成立。这一论证再次忽略了对塔斯基来说真是相对于解释函数 *I* 而言的，并且 *I* 的改变会导致新的语言出现［参照上文中的条件（5）］。同样，斯蒂克（S. Stich, *The Fragmentation of Reason*, Cambridge, MA: MIT Press, 1990）未能注意到不同的参照关系（也即不同的函数 *I*）导致不同的语言。Cf. I. Niiniluoto, “Defending Tarski against His Critics”, in J. Woleński（ed.）, *Sixty Years of Tarski's Definition of Truth*, Krakow: Philed, 1994, pp. 48–68.

② A. Tarski, *Logic, Semantics, Metamathematics*, Oxford: Oxford University Press, 1956, p. 188.

③ E. Stenius, *Critical Essays* Ⅱ, Helsinki: The Philosophical Society of Finland, 1989, p. 235.

④ E. Stenius, *Critical Essays* Ⅱ, p. 237.

⑤ A. Tarski, “The Semantic Conception of Truth and the Foundations of Semantics”, *Philosophy and Phenomenological Research*, 1944, 4, pp. 341–376.

⑥ R. Carnap, *Introduction to Semantics*, Cambridge, MA: Harvard University Press, 1942.

一般性的，而是由单个情形的一个枚举给出的”[1]。的确，这为第一类异议提供了新的回应：C 是定义真之概念的一种一般性图式，但指示关系却不得不借助从较简单语言向更复杂语言的推进来加以阐明。

斯特纽斯抱怨说[2]，C 甚至会使得 S 中无意义的语句 s 获得真值，他以如下条件式定义取代 C：

(S) 如果 s 在 S 中意味着 p，那么 s 在 S 中为真当且仅当 p。

比如，

(6) 如果“Schnee ist weiss”说的是雪是白的，那么“Schnee ist weiss”为真当且仅当雪是白的。

不过 S 图式并没有如斯特纽斯所言让真概念在语义学中变得无关紧要。[3] 毋宁说，S 能够同样被视为对塔斯基理论的澄清：其 T 等值式出现在这一条件式定义的后件，而且该定义的前件是一种表述 p 是对象语言中语句 s 的“翻译”的方式。如上所述，该意义关系由塔斯基递归条款定义，从词项的解释 I 开始；因此，德语语句的翻译是通过将“Schnee”联系到英语中“snow”所指称的世界中同一实体而完成的。

五　第三类异议

主张：塔斯基的理论只表达了对象语言和元语言之间的关系，导致他的理论仅是一种去引号理论。[4] 当对象语言被包括在元语言中时，T 等值式就是琐碎的同义反复。[5] 如果塔斯基的 T 等值式表达了语言和实在之间的关系，它就会导致本体论的相对主义。

---

① P. A. Schilpp (ed.), *The Philosophy of Rudolf Carnap*, La Salle, Illinois: Open Court, 1963, p. 901.

② E. Stenius, *Critical Essays* Ⅱ, Helsinki: The Philosophical Society of Finland, 1989.

③ E. Stenius, *Critical Essays* Ⅱ, p. 208.

④ W. V. O. Quine, *Pursuit of Truth*, Cambridge, MA: Harvard University Press, 1990.

⑤ J. Etchemendy, "Tarski on Truth and Logical Consequence", *Journal of Symbolic Logic*, 1988, 53, pp. 51–79.

回应：正如我们在第二部分所见，约定T是由对象语言*L*和元语言*ML*所表达的，但它却陈述了语言*L*和（剩余）世界之间的关系。这甚至在例（5）中也成立，该举例基于我们在英语中使用词项“snow”和“white”的偶然事实。说“snow”意味着（与之一样的）“snow”是同义反复，但“snow”意味着雪则是英语中的事实。同样的评论也适用于满足条件S。

詹宁斯以如下主张来捍卫其对于本体论相对主义的批评：

（7）“燃烧中释放燃素”为真，当且仅当燃烧中释放燃素。

他认为T语句使得我们承诺了燃素的存在。这种观点是错误的，因为在等价式（5）的两个构成部分同为假时，该等价式依然可以为真。

六 第四类异议

主张：即便满足条件是语言表达和世界中对象之间的关系，塔斯基式真并非是符合的。真语句被所有序列满足，因而与其中任何一个都不“符合”。[①] 塔斯基式处理并没有提及真陈述能够符合的任何实体（诸如事实）作为使真者。[②]

回应：在对满足的定义中，对象序列被用来确定一个公式的自由变项的解释。对于一阶语言来说，个体变项由论域中的个体序列加以解释。语句并没有同这类序列“符合”,[③] 进而使真者也不应当在序列中寻求。[④]

尽管塔斯基的澄清并没有将**事实**作为独特的本体论范畴，但在他的处理中真往往相对于一个充当“事实”的实体而被定义。真之定义预设了联结一个语言*L*与一个论域*X*的一个解释函数，甚至对于不包含任何变项的语句也是如此［比如，条件（1）无须满足概念而直接定义了原子语句的真］。真总是相对于一个结构或模型而言的，并且作为一种（具有对象和关系的）关系性系统的结构，其子结构都是事实（的聚集）。比如，由约翰和玛丽构成的关系性系统以及他们

① S. Haack, *The Philosophy of Logics*, Cambridge: Cambridge University Press, 1978.

② D. Davidson, "The Structure and Content of Truth", *Journal of Philosophy*, 1990, 87, pp. 279 – 328; D. Davidson, "The Folly of Trying to Define Truth", *Journal of Philosophy*, 1996, 93, pp. 263 – 278.

③ I. Niiniluoto, *Truthlikeness*, Dordrecht: D. Reidel, 1987, pp. 138, 479.

④ 在1935年有关逻辑后承的论文中，塔斯基指出一个“序列”就是一个语句的模型（参见第二部分）。但在此情形中，一个逻辑上不为真的语句不会被“所有序列”满足。参看前文注释中有关序列的解释。

之间爱的关系，构成了“约翰爱玛丽”这个语句的使真者。人的类是所有终有一死之物的类的一个子类这个一般性事实，就是所有人终有一死这个概括表达的使真者。

卡尔纳普对于真之语义学定义的 C 公式化表达包含了被语句所指示的命题。换句话说，命题能够被事态或事实取代。这一图式（根据罗素和奥斯汀而非卡尔纳普的理论）被柯克汉姆（R. L. Kirkham）表述为符合真理论的“本质”。[①] 柯克汉姆一并指出这类图式“把握住了塔斯基真理观念**本身**的本质”。[②] 他将 C 阐述为不相关于一个特定语言，但强调说意义的关系可能被理解为语言相对的（回想卡尔纳普的指示概念就是相对于一个语义系统而言的）。柯克汉姆总结道，塔斯基不得不拒绝 C 是一种定义，因为其包含了语义学概念，以至于他最终形成的理论并非符合论式的。在我看来，更合适的理解是塔斯基借助于像 C 这样的东西提出了一个不完整的符合论，因为他没有明确解释函数 I 的一般本性，所以他的理论需要由语言项的指称理论和意义理论来加以补充。

塔斯基对于原子语句之真的定义是一种“强”符合理论，因为此时真涉及一个语句和一个事实之间的同构一致性。[③] 就此而言，塔斯基的进路本质上同维特根斯坦《逻辑哲学论》中的图像说一致。如果一个人是大方的且愿意将各种复杂和复合的事实纳入本体论，那么图式 C 会证成下述一般性主张，即塔斯基的真是基于强符合论之上的，即便对于复合语句也是如此。但认为“草是绿的或月亮是奶酪”这个语句的使真者为“草是绿的”这个事实，而非“草是绿的或月亮是奶酪”这个析取事实，似乎更加自然些。在此情形中，图式 C 中的命题 p 就没有涵盖作为使真者的事实，进而塔斯基对于非原子语句之真的解释就只是一种“弱”的符合或一个语句与一个结构之间的相互关系。

真理的博弈论定义[④]可以被理解为是这一观点的改进版：命题 p 由语句 s 或 s 的意义所表达，在图式 C 中它不应当被单一复杂事实而是由一个博弈 G（s）所替代，也即，由“我自己”（析取式，存在量词）和“自然”（合取式，全称量词）两方构成的博弈树，表达了 s 的语义赋值能够以原子陈述结束的所有不同方式。如果 G（s）中的博弈以一个为真的原子陈述结束，“我”获胜。那么，如

① R. L. Kirkham, *Theories of Truth: A Critical Introduction*, Cambridge, MA: MIT Press, 1992, pp. 130 – 133.

② R. L. Kirkham, *Theories of Truth: A Critical Introduction*, p. 163.

③ R. K. Kirkham, *Theories of Truth: A Critical Introduction*, Cambridge, MA: MIT Press, 1992.

④ J. Hintikka, *Principles of Mathematics Revisited*, Cambridge: Cambridge University Press, 1996.

果 G（s）是与 s 相关的博弈，则有：

（G）s 为真当且仅当“我”在博弈 G（s）中有一个获胜策略。

七 第五类异议

主张：将模型论应用到自然语言语义学中预设了“固定且现成的，在各个方面都已清晰界定并且每个可能出现的问题都已有决定的答案”的**唯一实在世界**（The Real World）这个绝对观念。[①] 符合论预设了“形而上学实在论”或“已然生成的世界”的观念。[②]

回应：模型论可以应用到波普尔“世界 3”中人为建构的结构中（比如，自然数的结构）。[③] 真理符合论可以运用到有关文化对象和人造物的陈述中，这些从生成来看涉及人类的心灵。接受本体论上存在独立于心灵的**世界**的科学实在论者，无须假设**此世界**拥有一个已然生成的结构。其实他无须假设存在着能够表述整个**世界**的唯一和固定的语言。相反，每个良定义的语言 L 只是表述了**此世界**的一个**片段** W（L）。[④] 在此意义上，**此世界**拥有结构的数量与描述它的不同概念框架的数量一样。

如果 L 被赋予一个语义上确定的解释函数 I，片段 W（L）则由 L 和**此世界**唯一确定。因此，在 W（L）中为真，在**此世界**中也同样为真。这一论题需要如下两个限定。其一，如果 L 的解释在语义学上是**不确定的**，也即 L 包含模糊或含混的项，那么它就与 L 结构的 W（L）族（甚至是一个含混集）相关，并且 L 中一个语句定义为真（或假）当且仅当它在 W（L）中每个结构中都为真（或假）。[⑤] 其二，假设 L 包含**理想化的**概念且其被定义为相关反事实假设（比如，

---

① G. Sundholm, “Ontologic versus Epistemologic: Some Strands in the Development of Logic, 1837 - 1957”, in D. Prawitz and D. Westerstahl (eds.), *Logic and Philosophy of Science in Uppsala*, Dordrecht: Kluwer, 1994, pp. 373 - 384.

② H. Putnam, *Realism and Reason*: *Philosophical Papers*, Vol. Ⅲ, Cambridge: Cambridge University Press, 1983.

③ I. Niiniluoto, “Reality, Truth, and Confirmation in Mathematics-Reflections on the Quasi-Empiricist Programme”, in J. Echeverria, A. Ibarra, and T. Mormann (eds.), *The Space of Mathematics*, Berlin-New York: Walter de Gruyter, 1992, pp. 60 - 78.

④ I. Niiniluoto, *Is Science Progressive*?, Dordrecht: D. Reidel, 1984.

⑤ M. Przelecki, *The Logic of Empirical Theories*, London: Routledge and Kegan Paul, 1969; I. Niiniluoto, *Truthlikeness*, Dordrecht: D. Reidel, 1987.

无广延性的质点、无摩擦力的平面），那么更有意思的是去讨论这些假设为真时**此世界**的结构会是怎么样的，而非 W（L）本身。但在此情形中，在理想化或反事实结构 W_{id}（L）中为真的东西，也许在**此世界**中是似真的（truthlike）。[①]

八　第六类异议

主张：塔斯基的进路使得语句为真或为假是“据定义”决定的，而非“因为事物是其所是”。[②] 塔斯基未能注意到真并非一个纯粹的语义学概念，它也取决于实在。[③] 如果我们通过语言赋予世界结构，那么一个真语句和世界之间的一致就变得“琐碎”。[④]

回应：对形式语言来说，我们确实可以自由规定与明确它们的解释，进而决定了哪些语句最终是真的。自然语言的词项通常已然通过语言共同体所采纳的约定而获得了意义。“雪是白的”这个语句的真取决于偶然的自然物质事实，即雪是白的。但同时它也取决于偶然的语义学事实，即语言共同体使用“雪”这个词来指称雪。[⑤] 因此，塔斯基的 T 语句也同样是**偶然的**而非琐碎的真。

斯特纽斯主张塔斯基主义者倾向于认为真不过是一个字素（grapheme）及其所附加的语义之间的关系，而非涉及实在这个第三方因素的关系。[⑥] 但在此我认为斯特纽斯误解了有关解释的塔斯基式观点。认为真是一个语义概念，并不蕴含着一个被解释的语句之真能够独立于世界之所是。斯特纽斯似乎被如下事实误导，塔斯基早期的论文并没有将一个语句得到解释的世界或结构加以澄清（参见第二部分）。

佩雷格林（J. Peregrin）认为可能世界的空间总是相对于语言的，这是正确

---

① I. Niiniluoto, “Theories, Approximations, Idealizations”, in R. Barcan Marcus, G. J. W. Dorn, and p. Weingartner (eds.), *Logic, Methodology and Philosophy of Science* Ⅶ, Amsterdam: North-Holland, 1986, pp. 255 - 289; I. Niiniluoto, *Truthlikeness*, Dordrecht: D. Reidel, 1987.

② L. E. Johnson, *Focusing on Truth*, London: Routledge, 1992.

③ E. Stenius, *Critical Essays* Ⅱ, Helsinki: The Philosophical Society of Finland, 1989.

④ J. Peregrin, *Doing Worlds with Words: Formal Semantics without Formal Metaphysics*, Dordrecht: Kluwer, 1995, p. 214.

⑤ I. Niiniluoto, “Defending Tarski against His Critics”, in J. Woleński (ed.), *Sixty Years of Tarski's Definition of Truth*, Krakow: Philed, 1994, pp. 48 - 68.

⑥ E. Stenius, *Critical Essays* Ⅱ, Helsinki: The Philosophical Society of Finland, 1989, p. 229.

的。① 但这并没有使得模型论作为一种语义学理论而受到非难，除非预设了语言的普遍中介概念以及“语义学的不可表达性”（ineffability of semantics）。② 重要的是，通常自然语言词项的翻译并不单独确定词项的外延，也即函数 I 并不因为我们明确序对 <谓词，集合> 而在外延上得到明确，而是函数 I 赋予词项意义并将外延的决定留给世界。③ 这样我们对于语言 L 及其解释函数 I 的选择就定义了可相互替代的 L 结构类，但却是由**此世界**来“决定” W（L）真正包含其中哪一个。简言之，我们选择语言 L，而**此世界**选择结构 W（L）。比如，我们定义了狗这个概念，而**此世界**决定了是否实际上存在狗。由于真在 W（L）中以塔斯基的方式得到定义，真就成为客观的或非认知的问题。这对批判性实在论而言就已足够，并且没有导致相对主义，因为在 L 中有关 W（L）为真的，同样有关**此世界**也为真。此外，因为诸多结构 W（L）是同样的**此世界**的片段，它们必然彼此相容。④

九 第七类异议

主张：概念的应用总基于早先有限次数的应用，但也被其削弱，并且接下来在哪种情形中使用则要由我们来决定；因此，概念使用并不由外在或物质实在决定，而是由环境与社会理由决定。⑤

回应：有人会赞同布卢尔（D. Bloor）的观点，即意义是基于社会约定、依赖于我们对于词项使用的“组织”。但我们仍应该避免维特根斯坦式的**有限论**（finitism），该学说主张“我们从来无法知道种类词项（kind terms）的意义……因为我们从不知道它们将被如何使用”。⑥ 即便种类概念可能在某种程度上是“开放性

---

① J. Peregrin, *Doing Worlds with Words: Formal Semantics without Formal Metaphysics*, Dordrecht: Kluwer, 1995, p. 206.

② J. Peregrin, *Doing Worlds with Words: Formal Semantics without Formal Metaphysics*, p. 205.

③ 做到这一点的一种方式可以参照卡尔纳普（R. Carnap, *Introduction to Semantics*, Cambridge, MA: Harvard University Press, 1942）的观点，其指派函数将一个谓词和一个属性联结起来。如果谓词“白的”指示白（wihteness）这个属性，那么该谓词有何实际例示就取决于世界。在卡尔纳普—蒙塔古—亨迪卡的传统中，这一立场被表述如下，即至少在理想情形中，一个谓词的含义是从可能世界到外延的一个函数。一个函数可以在事先不知道而只在计算或研究后才可能获得函数值的情况下得到定义。因此，知道一个语句的含义并不意味着知道它在实际世界中的真值。

④ 与古德曼的“世界的诸多版本”不同。N. Goodman, *Ways of Worldmaking*, Hassocks: The Harvester Press, 1978.

⑤ B. Bames, D. Bloor and J. Henry, *Scientific Knowledge: A Sociological Analysis*, London: Athlone, 1996.

⑥ B. Bames, D. Bloor and J. Henry, *Scientific Knowledge: A Sociological Analysis*, p. 55.

的”，但通常它们的意义却非完全任意的，因为至少在清晰情形中，它们应当被明确为函数，进而事先决定了概念的未来应用。塔斯基式进路同样也能够扩展到包含语义模糊情形的含混或部分真中。这与类别概念的使用总是“可修正的”这个布卢尔论题是相容的：我们总能自由地改变我们概念的含义，但这种含义改变可能也蕴含了真值的相应变化。有限论者的主张因而似乎混淆了下述两种主张，即没有规则能够足够明确以使其包含下一种使用情形（这是错误的），以及我们能够自由地决定在下一种情形中哪种规则适用（这是正确的）。

十　第八类异议

主张：塔斯基的理论对于科学语言而言并不充分或足够，因为理论有许多不同的预期应用情形，并且它们的基本概念充满了指称上的不稳定性与模糊性。[①]

回应：一种理论在其一些预期模型中可能以不同方式得到解释。比如，物理对象在牛顿理论的一些应用中被视为质点，但在其他应用中则被视为有延展性的刚体（rigid bodies）。在每种应用中，牛顿法则的真值被分别加以确定。相对于一些应用该理论或许在严格意义上为真，但在其他情形中则只是似真或在某种程度上接近真。[②] 理论的概念及其应用涉及“实用的”考量，但这并没有使得我们有必要去修正塔斯基式真概念。

［本文译自 Ilkka Niiniluoto，“Tarskian Truth as Correspondence：Replies to Some Objections”，in Jaroslav Peregrin eds.，*Truth and Its Nature（If Any）*，Dordrecht：Kluwer Academic Publishers，1999，pp. 91－104. 赵英男、刘纪琪译。译者单位：中国政法大学比较法学研究院、北京大学哲学系。］

（本文编辑：张　顺）

① R. Wojcicki，“Realism vs Relativism in Philosophy of Science（Some Comments on Tarski's Theory of Truth）”，in J. Woleński（ed.），*Philosophical Logic in Poland*，Dordrecht：Kluwer，1994，pp. 337－361.

② I. Niiniluoto，*Truthlikeness*，Dordrecht：D. Reidel，1987.

Tarskian Truth as Correspondence: Replies to Some Objections

Ilkka NIINILUOTO

Abstract: Ilkka Niiniluoto in this paper points out that Alfred Tarski's original definition of truth, together with its later elaboration in model theory, is an explicate of the classical correspondence theory of truth. In defending Tarski against some of his critics, Niiniluoto wishs to show how this account of truth can be formulated, understood, and further developed in a philosophically satisfactory way. The overall aim of this paper is to employ the non-epistemic correspondence account of truth as a basis of the concept of truth likeness (verisimilitude), which in turn is an indispensable ingredient of the philosophical programme of critical scientific realism. In model theory, truth is defined as a relation between the sentences of a given language L and a set-theoretical structure W. Usually L is a first-order language. The link between Land W is established by an interpretation function I which maps the non-logical constants of L into the domain X of W. This conception 'truth in a model theory' is consistent with Tarski's earlier semantics. According to the existing interpretation, scholars criticize Tarski that he does not define the truth, or explain the nature of it, or his theory is just a kind of disquotational theory, not a real correspondence theory of truth, presumes metaphysical realism, and so on. Niiniluoto thinks none of these opinions catches the nerve of Tarski's theory, and thus all are indefensible.

Keywords: Tarski; Correspondence Theory of Truth; Truth; Model Theory; Semantics

想象和信念的创造物

奥拉夫·阿斯海姆
（挪威奥斯陆大学哲学系）

摘　要：本文旨在捍卫使用是（being）与存在（existence）之间传统区分的有意义性。然而，文章论证只有在如下相对的意义上，第一类是者才能被说成不存在，即“是实在的”（being real）没有绝对性含义。至少有两类实体，我们说它们的成员不是实在的：第一类是纯粹虚构的人物；第二类是根本错误的信念的对象。这两类的成员必须在如下意义上被说成存在，即为使某些理论成真，它们不得不预设这样的实体作为谈论的对象，指称它们并对之量化。

关键词：是；存在；实在的；虚构；信念；置信对象

一　是与存在

迈农（A. Meinong）是以他有关是（being）与存在（existence）的见解而出名的，在流行的意见看来，他的见解是古怪的和明显站不住脚的。他不但主张**有**（there are）不**存在**（exist）的事物，而且按照他的见解，还有诸如以下的结果：有某个非存在的实体，它可以被指称为“当今的法国国王”；而在其对象理论中实际上走得更远，以至于认可像圆的正方形这样不可能的抽象实体①。毫不奇怪，作为整体这个理论在当代几乎没有拥护者。② 不过，由于迈农的名声，是与存在之间的这一区分逐渐也就分担了他那较奢侈的本体论主张的不良名誉，

① 例如 Alexius Meinong, *Über die Stellung der Gegenstandstheorie im System der Wissenschaften*, Leipzig: R. Voigtländers Verlag, 1907。——为防止可能的误解，在这篇论文中我并不是以迈农理论通常被理解的方式去关注这个理论本身。

② 迈农理论或许不应该是名声不好的：Ed Zalta, *Abstract Objects*, Dordrecht: Reidel, 1984 已设计出一个新解释，在那个新解释中迈农的见解既是一致的，又是有趣的。

并一般地被标示为“迈农主义”，即使迈农既非第一个也非最后一个做出这样区分的哲学家。它确实是一个非常古老和严肃的区分，随着哲学立场的转变它趋向于以新的版本再现。

亚里士多德区分了动词“是”（be）的不同意义，后世的许多哲学家都追随他，甚至做出更多的区分，并发展出新术语以适用于它们。动词“存在”（exist，它在古典拉丁语中的意思是突出或出现）的现在用法，大概是由于中世纪哲学家的此类术语学成果引起的。而穿上不同术语学外衣的类似区分，直到现在仍层出不穷。例如，意味着区分是与存在的主张就位于卡尔纳普（R. Carnap）下述观点的根源处，即不像量化物理对象，对数及其他抽象实体的量化，并不意味着认可这些实体是实在的。[①] 明显地，在这些话中卡尔纳普并没有主张数**是**但不**存在**。相反，他引入**实体框架**（framework of entities）这一概念，并相对于这样的框架区分了**外部**和**内部**的存在问题：外部的存在问题是关涉某个具体的实体框架自身的形而上学实在，如数的框架或物理对象的框架，但是按照卡尔纳普的意见，这样的问题是无意义的；他主张接受一个框架确实就是一个语言选择的问题。另外，内部存在的问题是预设某个实体框架，并且在那个框架里面可以为内部的存在问题给出答案，根据该框架的本性，后者或者是分析的，或者是综合的。卡尔纳普进而坚持关于像数那样的抽象实体的陈述是分析的，它们的真并不依赖于事实问题，而仅依赖于语言约定；相反，关于物理对象的陈述是综合的，它们的真或假依赖于语言之外的实在。但假如卡尔纳普是正确的，所有这一切就意味着存在量化的作用一定小于存在断定的作用：存在量词的使用不会自身就衍推断定它所约束的变元之值的实在性，而我们也就因此不得不区分“是”存在量词约束的变元值和“是”实在的对象；就像任何别的区分一样，这是与存在之间的一个良好区分，尽管卡尔纳普的见解在其他方面甚少类似于迈农的那些观点。不过，既然语词“是”和“存在”自身的意义就远非明确，我认为，在试图做出或驳斥是与存在之间的一个区分时，实际使用哪些语词的重要性是其次的。要紧的是，我们用存在断定意味着什么，以及我们是否会认为存在量化衍推存在断定。

---

① 这是在 Rudolf Carnap，“Empiricism，Semantics and Ontology”，in L. Linsky（ed.），*Semantics and the Philosophy of Language*，Urbana，IL：The University of Illinois Press，1952 之中所表达的立场。

不像卡尔纳普，蒯因（W. V. Quine）[1] 认为存在量化总是衍推存在断定，或者更准确地说，我们唯一可以弄清楚存在断定的方法就是将它们理解为存在量化陈述："是就是成为变元的值"。因此，按照他这个很有影响的见解，没有区分是与存在的余地。不过，他反对卡尔纳普的论证，主要是基于拒斥作为其论证基础的分析性概念。仅仅因为分析—综合的区分似乎站不住脚，我们就应该接受蒯因关于是与存在的见解吗？我认为并非如此。从蒯因那里我们能学到的是，对某一对象域的量化，总是使我们做出认可这些对象为对象的承诺；这的确是一个非常重要的洞见，并具有深远的影响，这一点后面将会看到。但并不能就此得出，我们必须在这些语词的每一意义上都视当前的对象为存在的和实在的。正如我已经提出的，这样的语词经常是含混的。它们甚至可能以一种相当有趣的方式是含混的，这正是我在下文将尝试表明的。

如果卡尔纳普想要反击的话，他就可能这样回应蒯因的批评：正如他使用"存在"和"是实在的"的这些语词只是意味是一个物理（或者物质或者时空性）对象，但由于某些明显的理由他不想走这步棋，说数不是实在的，或者说它们不存在，这样的说法就太过于分析性了。即使如此，这一假想的反驳还是有下述的意义：诸如"存在"和"是实在的"这样的语词在日常语言使用中的某个意义，或许可以实际被翻译为"是一个物质对象"吗？要发现这一假说的证据并不是那么地困难。这样说并不意味着成为物质或物理对象就形成一个非常有趣的存在概念，但谁说过我们的日常语言对语词"存在"的使用有任何哲学重要性呢？无论如何，仍旧有一些人坚持只有物质对象才存在，像卡尔纳普实际上所主张的那样，但人们往往不太清楚他们这样说的意思究竟是什么。为避免不足道，他们至少应该将其所使用的"存在"概念与"是一个物质对象"的概念区别开来。更进一步地，为避免认可是与存在之间的区别（他们之中绝大部分人发现那是令人不快的），似乎唯一的选择就是坚持我们只能够有意义地量化物质对象。但这是高度不合理的一个见解，因为它会造成科学理论的大部分是无意义的。我认为蒯因已澄清了这一点。

从语法上看，动词惯用语"存在"有着谓词的功能，当然，这对于动词惯用语"是实在的"也成立。这些语词有时候可以交换使用，在那些情形下似乎

---

① 参见他的论文 W. V. Quine，"On Carnap's Views on Ontology"，*Philosophical Studies*，2，1951 和 W. V. Quine，"On What There Is"，in *From a Logical Point of View*，Cambridge，MA：Harvard University Press，1961。

它们也在起着逻辑谓词的作用；我不认为这一点是很有争议性的。更有争议性的是当“存在”用作逻辑谓词的时候，它是否总被用作预设为对一切事物都成立的谓词，就像谓词“是自身同一的”那样，或者是否它有一种作为谓词的用法，可以说成对某些对象不成立，而那些对象无论如何仍被认可为我们的约束变元之值，这后一种情形在我看来是更可信的。我将会论证，惯用语“是实在的”一般用作可以有意义地加以否定的谓词，而当在相同的意义上使用时，同样的情形对于“存在”一定也是成立的，这就意味着我们实际上必须认识到是与存在之间的某类区别。但就“是实在的”可能具有的“是一个物质对象”这种意义而言，这一区分或许就没有重大的哲学意义。实际上，我确实视是与存在之间的区分在某一方面为不足道的，尽管远非像这个建议将致使它变得的那样不足道；并且我认为要做出的不只有一个区分，而是一整类这样的区分，这是因为我认为“是实在的”没有一个绝对的意义，而只有相对的意义：“是实在的”总是意味着依赖于语境中的某个实在事物，比如一个实在的人或一个实在的人头马，而“是某个实在的事物”确实仅意味着是那一类事物。任何人都是实在的人，任何人头马都是实在的人头马（或者说，若有人头马的话，它们就是实在的）。因此在我看来，语词“实在的”之使用是为了强调，但往往伴随对被强调者的一个默认理解。当我们肯定地使用这个语词的时候，断定某类的一个对象是实在的，我们的意思就是强调它是设定种类的一个对象；而当我们否定地使用它的时候，断定某个对象不是实在的，我们的意思则是这个对象不属于它看上去属于或者有可能属于的某一种类。这就是我认为的应当怎样理解实在断定。此外，我还认为动词惯用语“存在”有时候也被用以替代“是实在的”，从而做出这样的断定。

二 虚构

依我的意见，有一大类这样的实体，我们会说它们不是实在的，因此它们不在那个语词的某个意义上存在，即使我们的确通过指称和量化将它们认可为一类对象（因此就在一个不同的意义上将其认可为是存在的）；我现在正在想象夏洛克·福尔摩斯这样的一个纯粹虚构人物，一个柯南·道尔想象的创造物。我想每个人都会同意，我们说福尔摩斯和与他同样的人是不实在的（即使这个虚构人物可能是以一个或多个真实的人为原型塑造的），并且在我的分析中，这等于是说他们不是人，也不是时空性对象，尽管我们可能会由于将虚构与实在弄错而误以为他们是这样的对象。这里有争议的是我的论点——通过明显地指称和量化他们，我们实际上承诺将福尔摩斯这样的虚构人物认可为对象；许多人认为这只不过是表象，他们援引如下事实——像柯南·道尔这样的虚构作者在谈论福尔摩斯之类人物时，只是佯称做出断定某人如何如何的言语行为；这都是假装。这一说法是正确的，但也是非常不相干的。这个问题不是虚构作品的作者所断定的——因为他们创造虚构，从而什么也没有断定——而是我们作为他们的批评者在谈论他们的作品时所断定的。

一些人认为，在我们明显地断定像福尔摩斯这样的纯粹虚构人物如何如何时，我们确实分享了作者的佯称。[①] 依我之见，只有在谈论福尔摩斯时我们总是或者重复他的创造者柯南·道尔在其虚构作品中已说过的内容，或者说以某种方法可以从那部虚构作品推断出来的情况，如说由于习惯性地服用可卡因，福尔摩斯正在损害自己的健康，上面的那一种观点才会是合理的；即便那是事实，仍有理解诸如假装之类明显断定的另一种显然的替代方案：通过预设句子为一个默认的虚构算子所辖治，如“虚构地，福尔摩斯服用可卡因”，我们就可以合理地将像柯南·道尔作品的批评者所说的句子“福尔摩斯服用可卡因”，解释为一个真正的断定。

但是，关于福尔摩斯可以说并且人们确实在说的内容，当然并不以这种方式限定下来。关于福尔摩斯人们经常——并且真实地——所说的内容是他是最著名的侦探故事主角之一（所以我才用他作为一个例子）。很清楚，这样说并未做出任何类型的佯称，它是正如你所理解的一个真正的断定。我们该怎样解释这样的断定，以避免承认它们提到的是纯粹虚构人物呢？对于要捍卫虚构人物并非我们做断定所关涉对象的观点的那些人而言，这是一个主要的挑战；作为论证，迈农的坏名声在这里毫无用处。[②]

我们也经常通过量化而非用名字提及他们，来谈论虚构人物。例如，可以说——这无疑又是一个断定，一个或真或假的断定——海明威作品中的女性人

---

① 这是 Gareth Evans, *The Varieties of Reference*, Oxford: Clarendon Press, 1982 的见解，同样的见解为 K. Walton, *Mimesis as Make-Believe*, Cambridge, MA: Harvard University Press, 1990 所捍卫。

② 沃顿试图捍卫这样的观点，于是这就迫使他以在我看来似乎更多戏剧性而非说服性的方式去解释有关虚构人物的陈述。此外，他的见解有高度不合理的推论：许多文学批评必须被视作一种虚构自身，而不是本来意义上的理论。

物大部分是不深刻的。我们该怎样解释如此明显的量化呢？又该怎样避免承认，做出这样的量化断定就使我们承诺将纯粹虚构的人物列为我们谈论的对象呢？

这个问题基本上与怎样解释数的量化问题相同，但事实上还有一些其他困难，我们很快将会看得到。在数的情形下，如果我们将自己限定到只谈论有理数——尽管这是个非常不切实际的限定——那么我们显然就可以用替代性方式理解量化。因为对于每一个有理数，实际上都对应着一个数字或数的表达式（如任举“16387”和“三分之二”两个例子），所以形如“（$\exists x$）F（x）”的关于有理数的量化断定为真，当且仅当，对于某个数的表达式 n，“Fn”为真。至此，通过只考虑数的变元“x”的替代实例，撇开作为语义值的对象，似乎其语义功能就可以得到解释。进而，由于数字显然有一种非指称的用法，如“五月有 31 天”；而在像“7 + 5 = 12”这样的断定中，它们是否起着指称性作用并不是很清楚，似乎也不需要（在我们人为限定的数论之中）作为数变元之值的对象。所以，如果不是因为有超出有理数的实数①（并不一般地存在着有限的数的表达式与之对应），以及数学理论体系的整体特性（数学理论作为一个整体要想说得通，显然预设了一个抽象对象的个体域），对于数的量化可能就已作替代性解释。事实上，我们不得不对其作对象性理解：一个数变元必须理解为在它可以取值的对象域内变动。

对虚构人物的量化做替代性解释也不会是可能的，其中原因不止一个。首先，虚构情形下数表达式的自然对应者（即变元的可能替代实例）应该是名字。那么，每个虚构人物都有名字吗？当然不是。许多虚构人物并没有被他们的作者命名，而只是通过（虚构）描述被论及，比方说在某个想象的情景下“一个困倦的店主”。很显然，在谈论虚构人物时，表达式“那个困倦的店主”照目前的情况不能用作变元的替代实例；在多个方面它都太模糊。用较少虚构、较多精确的摹状词来取代这个虚构摹状词，显然也没有什么帮助，如“在茱丽亚·奈特赦德（Julia Nightshade）的小说《可疑人物》第 79 页被描述为困倦的店主的那个人物”。因为若用罗素（B. Russell）的方法来处理限定摹状词的话，前面的那种做法在对量化做替代性解释时就会是循环的，它无论如何都会使得我们承诺将该人物认可为对象，至少看起来是如此。其次，即使所有虚构人物都有

① 与我们关注的实在和存在问题相关联，指示词“实数”及其相关者“虚数”是有趣的：实数最初被称为“实在的”，是因为它们被认为确实是数；这是与虚数的情形相反的，后者被认为只是想象为数，因此在某种意义上是非存在的。

名字，我们仍须表明在真正的断定中这些名字是如何能够发挥非指称性功能的，而因为专名的标准功能恰好就是指称一个对象，要表明这一点对于专名而言的确比数字的情形更加困难——我已经提到了这种困难。量化的替代性理解问题在这个领域的确至少是与在任何其他领域一样难以应付，但我不打算深入探讨这些问题；我将视下述情况为当然：若某类实体的量化不能够轻易地得到解释（比如像隐喻性量化）——虚构人物的情形显然并非如此——一般来说只能作为对象性量化才说得通，这样就带有蒯因式的后果，即存在量词的使用衍推一类存在断定。所以，当我们量化虚构人物时，我们的确不得不将它们认可为一类对象；问题只是什么类型的对象。①

有人已经提出过虚构人物不过是描述他们的文本片断。这种提议合理吗？显然不合理，因为虚构人物能够并且确实有我们绝不会同样地归诸文本片断的性质，如性质“被作者描述为一个可卡因上瘾者”。即使虚构人物可以某种方式被说成由文本组成，他们也不会归结为仅是文本片断；对他们来说，至少还有更多的内容。

我现在就来尝试解释虚构人物必定是什么类型的实体。这个问题就是他们有哪些性质，以及他们的同一性是怎样由这些性质定义的。

首先，每个虚构人物都是通过虚构刻画被构成和确认为虚构人物。我们不得不将虚构刻画之归属于实体（当然，并非刻画自身）认可为谓述，即认可为将一个性质归于实体，这与下述情形是在相同程度上的：通过将实体列入变元之值，我们将该实体自身认可为谈论的对象。对虚构人物成立的虚构谓词主要有这样的形式：“被其作者 NN 虚构地刻画为如此这般的”，即表现为被一个虚构算子辖治的摹状词的谓词，而在标准情形下②，一个虚构人物可以区别于任一其他对象，因此通过唯一地满足一个或多个这种形式的谓词，该虚构人物就得以确认。所以，虚构实体一般地似乎并不缺乏同一性标准。

其次，像将夏洛克·福尔摩斯描述为侦探故事中的经典主角，是在文学批评层面对虚构实体的非虚构刻画，本质上就已是把性质归于对象的谓述了。不

---

① 范·英瓦根（P. van Inwagen）是迄今为止明白表达出以下见解的少数哲学家之一：因为我引用到的一些原因，我们不得不将虚构人物认可为文学批评的理论实体，因此认可为对象。参见 P. van Inwagen, “Creatures of Fiction”, *American Philosophical Quarterly*, 14, 1977，我为我的部分论证而感激范·英瓦根。不过，范·英瓦根没有使用虚构人物的概念，后者在我的虚构对象理论中具有中心地位。

② 唯一的例外是当作者想要他的读者对他是否打算让某个摹状词对某个虚构人物虚构地成立保持怀疑态度的时候。这种情况是可能发生的，但我认为我有正当的理由不考虑这种复杂化情形。

像虚构的刻画，这样的描述不是由它们所描述的实体所构成，相反足够重要地，它们说明在性质可以非虚构地归于它们的意义上，虚构实体的确是对象；另外，虚构人物经常可以通过这类非虚构的描述得以确认。

再次，同样非常重要的是，并非所有虚构实体都是纯粹虚构的：一个作者可以写关于像人物、地点和事件之类真实对象的虚构作品，这么做是很常见的。的确，碰到一本其中一切都是纯粹虚构的虚构作品是罕见的；真实的对象通常被引入小说中。例如，在柯南 · 道尔的故事中出现的不仅有被称作“福尔摩斯”和“华生医生”的纯粹虚构人物，还有真实的城市伦敦（我们要想象许多虚构事件在那里已发生），以及许多从真实生活引入的其他对象。某些其他虚构作品实际上以某一真实的人为中心。例如，我不知道有多少虚构作品是关于拿破仑的，但知道的确有这样的作品。在这些情形下我们不得不与以下意义上的实体打交道：它们在这样的程度上是虚构的，即它们满足表现为被虚构算子辖治的摹状词的谓词；而在下述意义上它们又是实在的，即从根本上说，它们也为唯一地满足某些非虚构的摹状词所个体化。我们不得不区分以下两类虚构实体：一类纯粹虚构的、仅由虚构的刻画构成的虚构实体；以及另一类被虚构地预设所归属的各种实在对象的虚构实体。正是这一事实，才解释了我们对与虚构人物相关联系的谓词“是实在的”之使用。当有人问福尔摩斯是否实在的，他想知道的就这个虚构人物是纯粹虚构的，还是从现实引入的；他想知道的福尔摩斯是柯南 · 道尔虚构作品写的一个真实人物，还仅是作者想象的一个创造物。

但我们不应该由此就下结论——一个虚构人物是实在的就意味着是一个人或者某一其他种类的时空性对象；因为某物是否真实虚构人物的问题可能也会产生。前面提到的茱丽亚 · 奈特赦德小说中被描述为“困倦的店主”的那个人物怎么样呢？他存在吗？你可能对作者茱丽亚 · 奈特赦德及其作品的存在有所怀疑，认为这只是我编造的一个例子，于是你显然也就会怀疑作为虚构人物的困倦的店主之实在性，而不仅仅怀疑他作为店主的实在性。

你是正确的；我确实是自己编造了茱丽亚 · 奈特赦德这个例子。这个例子是纯粹的虚构，茱丽亚 · 奈特赦德不过是我想象的创造物，即使我尚不知道事实上应该有名叫“茱丽亚 · 奈特赦德”的一个人，她已写作一本叫作《可疑人物》的小说。——我这么说是为了清楚地表明就自身而言大概是较明显的情形，即无论如何强烈地相似于某个非虚构对象，都不足以使得一个虚构人物成为实在的。这样的相似性可能完全是词法上的。具有与某个非虚构对象一定程度的相似性，对于一个虚构人物同一于那个实在对象来说，甚至并不是必要的；必要且充分的条件是，虚构作品的作者成功地澄清其虚构地描绘存在于虚构之外的人或物的意图。

在纯粹虚构的例子中，我使用了一个据称虚构的人物——困倦的店主。但这意味着困倦的店主实际上是某一类的一个虚构人物；由于在虚构的例子中作为虚构的人物出现，他事实上是一个双重虚构的人物。由于这一原因，它在双重意义上缺乏实在性：首先，在它不是出现于我想象之外的虚构作品之中的意义上，困倦的店主不是一个真实的虚构人物；其次，在我例子的虚构性实在之内，它是一个纯粹虚构的人物，这一点并不源于那虚构的实在。（但它原本可以是实在的；我本来可以改变我的例子，以使得困倦的店主被想象为茱丽亚·奈特赦德所写小说关涉的一个真实的人——无论是否是店主。）

这里重要的是，正如我前文已说过的，“是实在的”没有绝对的意义：当我们肯定或否定某一实体的实在性时，总是在一个相对意义上的，相对于它似乎或可能似乎是那类实体。纯粹虚构的人物不是他们被虚构地描述为本质上所归属的那些种类的对象；这也就是为什么他们被贴上“纯粹虚构”的标签，以及被说成缺乏实在性或者是非存在的原因。即便如此，他们可能是某类真实的虚构人物，并且是在另一相对的意义上存在，否则他们也就可能缺乏作为某一特殊虚构人物的实在性。无论如何，在都是可以指称和量化的实体的意义上，他们都是实在的对象。

至此，我的结论就是，我们不得不将虚构人物认可为我们的谈论对象——不管他们是否纯粹虚构的，并承认虚构人物是通过表现为以某一方式被虚构刻画的性质而被个体化为虚构人物的。这意味着他们确实在一个根本的意义上存在，即在蒯因式“成为约束变元之值”的意义上存在，即使他们可能不是实在的，因而也就在这些语词的某些其他意义上不存在。但正是他们作为对象本身的地位才是我们关注的，而不是他们作为某一特殊种类对象的地位。就此而言，上述后一种情形的重要性较小。

三　信念

信念不同于假装，尽管两者之间有某种密切的关系：认为事实是某一种情形与只是想象其如此这般，在多个方面是相似的，从而在表达信念的理论和它的假装对应者虚构之间，可能有一些有趣的相似之处。现在讨论信念及其对象，我就要利用这些类似之处。① 尽管我将要展开和捍卫的见解明显地有别于迈农的观点，还是可以说成有着某种迈农风味；但就其自身而言，这不应该算作反对它的一个有分量的论证。

我要做的是阐明“是信念对象”的概念，而我的出发点是区分信念内容和信念对象：在相信的东西可以在陈述句中得以表达的意义上，一个信念总是有着命题内容，但这个内容明显不是该信念所关涉的对象。同样的，一个信念根本不必关涉任何特殊对象；在信念内容的表达会是一个量化陈述的意义上，它可以是一般性的。例如，我能够相信有间谍，但不用相信某个特殊的人（他或她）是间谍。这就是与虚构的类似之处，后者也可以相同的方式是一般性的。进一步地，既然持有间谍的一般信念，以及同样一般的信念——两个人绝不会有恰好相同的身高，我自然也会抱有信念——有一个间谍，他（她）是所有间谍之中个子最高的，② 以及我可能还相信个子最高的间谍是（比如）运动员，并认为高个子的人通常是运动员；但这仍是关于间谍的一个一般信念，而不是关于一个特殊间谍的信念（即使就实际上有一个个子最高的间谍而言，可以说是关于一个特殊的人）。为搞清楚那一点，我们来想象我的邻居约翰事实上是一个间谍，并比任何其他间谍都高，但我既不相信他是间谍，也不相信他是运动员。我只是相信个子最高的间谍是运动员，与关于那个个子最高的间谍，我相信他是运动员，这两者之间似乎有所不同。这就是反映在从言（de dicto）信念（关于所陈述内容的）和从物（de re）信念（关于对象的）的常见区分之中的差异，这一区分可以追溯到阿伯拉尔（Abailard），也可以分别称为**概念性**（notional）信念和**关系性**（relational）信念。然而，关于这一区分真正意味着什么，以及要区别于从言信念，从物信念的特性应该是怎样的，或者究竟它是不是正确的区分，并没有一个一般性的一致意见。有人认为信念基本总是概念性的，只在引申意义上才是关系性的，并推论出从物信念一般可归结为从言信念，③ 但

---

① 这里提出的信念构思在 Olav Asheim, *Reference and Intentionality*, Oslo: Solum Forlag, 1992 已得到了详尽得多的实现。（本书已有中译本，奥拉夫·阿斯海姆：《指称与意向性》，张建军、万林译，南京大学出版社 2014 年版。——译者注）

② 我从 W. V. Quine, “Quantifiers and Propositional Attitudes”, in *Ways of Paradox*, New York: Random House, 1983 借用了这个例子。

③ 这似乎是蒯因的立场，John Searle, *Intentionality*, Cambridge: Cambridge University Press, 1983 表达了一个类似的见解。

这不是我的见解。在展开我的信念对象理论时，我将预设从物信念和从言信念之间的一个区分，这可以用下述方式刻画。

每个信念在一种基本意义即在它有命题内容的意义上都是从言的；但一个信念是纯粹从言的，当且仅当，其命题内容的精确表达是一个量化陈述；否则就是从物的。有一种报道信念为从物的特殊方式，就是明确地说该信念是**关于**对象的。从物信念报道的一个例子是：

（1）关于其隔壁邻居，拉尔夫相信他是间谍。

然而，同样的信念显然也可以报道为从言的，如：

（2）拉尔夫相信，他的隔壁邻居是间谍。

但这不意味着报道的信念一定就因此本质上是从言的，而不是从物的；它的意思是包含限定摹状词的信念报道（2）是辖域不明确的：它可以理解为报道了一个本质上为从言的信念，如：

（2）a 拉尔夫相信有且只有一个人是他的隔壁邻居，并且这个人是间谍。

或者理解为报道了一个从物信念，如：

（2）b 有且只有一个人是拉尔夫的隔壁邻居，而拉尔夫相信他是间谍。

似乎在（2）b 的意义上，而不是（2）a 的意义上，信念报道（1）等价于（2），这就是为什么我们将它作为从物报道来谈论。至于包含专名而非限定摹状词的信念报道，如：

（3）拉尔夫相信，奥特卡特是间谍。

似乎它们一定总是被当作报道从物信念（尽管是以从言的方式），而不是纯粹的从言信念——倘若专名不像限定摹状词而是真正的指称词项，以与变元相同的方式发挥其逻辑作用（我们许多人持有这个见解），那么对它们来说辖域的问题并未产生——可以说，真正的指称词项总是取最大的辖域。于是，从言信念报道（3）就会无歧义地等价于从物报道“关于奥特卡特，拉尔夫相信他是间谍”。这样，是否有真正从物信念的问题就有两个方面：其一，专名是真正的指称词项吗（或者究竟有真正的指称常项吗）？如果是这样的，那么包含如此词项的信念报道就必须被理解为报道的是从物信念。其二，除了那一方面，从物信念报道真是关于像这样的信念的报道——报道信念的全部命题内容吗？或者，它们仅是以一种不完全的方式指出命题内容？我们不得不假设后者——连同否认专名的真正指称词项地位——以坚持没有信念是不可归结地从物的观点。如前所说，这并不是我的见解。

于是，我将预设有些信念是不可归结地**关于**对象的。现在，就一个对象是这类信念的对象而言——技术性地讲**置信对象**（doxastic object）或**意向对象**（intentional object），这就是我将要说的，而这种说法又是由于信念和相似的态度被归类为意向性的——它的特性是什么？置信对象的特性是，由于为一个或更多人相信是如此这般的，它就被认同为置信的，即具有表现为被信念算子辖治的摹状词的性质——这又是与虚构人物的类似之处。并且我认为这样的置信性质总是足以将对象个体化为信念的；所以也足以将其确认为一个对象。此外，在我的理解中，绝大部分置信对象事实上只是主体对之持有某种信念的普通对象（例如人）。（我不能看出什么好的理由将意向对象和普通对象分别看作独立种类的实体；我认为这只会导致不必要的复杂化。）所以，我们这里有另一个与虚构人物的类似之处——我想我已经澄清——虚构人物也可以是碰巧出现在虚构作品中的普通对象。

在我看来，当某个人相信它们具有某些其可能有或可能没有的主要性质（primary properties）① 的时候，许多（但远非所有的）普通对象也就是置信对象或意向对象。作为置信对象，它们也具有次要性质（secondary properties），并且被这些次要性质所个体化，而这些次要性质又表现在上述对象被相信具有的主要性质之中。但我认为此外还有一类仅仅置信的或纯粹意向的置信对象，后者

① 作者使用的术语 primary properties 和 secondary properties，来自洛克的 primary qualities（第一性的质）和 secondary qualities（第二性的质），为避免“第一性的性质”“第二性的性质”之冗赘，此处译为“主要性质”和“次要性质”。——译者注

缺乏所有它们被相信具有的值得注意的主要性质[①]，所以只能以它们的次要性质即置信性质所确认，这又是与虚构人物的类似之处。对于这样的置信对象，我们自然会说它们不是实在的；这与我们对纯粹虚构实体如是说，是在相同意义上的。

为弄清楚从物信念，的确需要纯粹意向的对象，这是我对这个问题的看法。为使从物信念成为如此真正独立种类的信念，而不是一类本质上从言的信念，后者为（至少局部性地）真的时候，碰巧涉及一个特殊对象，就应该由某人处于持有这类某个信念的心智状态之事实，必然得到存在着该信念所关涉的对象，我是这么认为的。但我不认为仅由此事实就可以得到，一个人处于一特殊心智状态，比如另一个人存在着。所以在我看来，由主体持有某一从物信念的事实，必然得到的仅仅是有该信念所关涉的置信对象；这个对象仅是置信的，还是它被相信所是的特殊种类的一个实在对象（例如人），这个问题有赖于决定那个信念真理性的心智外的情况。一个从物信念可能是根本错误的，这意味着该信念关涉的对象仅是置信对象，即纯粹意向性的。我们可以谈论诸如信念创造物这样的纯粹意向性对象——与想象创造物相类似，但也十分不同于它们，因为纯粹虚构人物是一个带有创造意向的想象行为的产物，而仅仅置信的对象则是作为虚假信念的非意向性产物，被错误地创造出的。

然而，从物信念似乎另外还有一个问题。人们关于一个且同一个对象显然有可能持有不同且不相容的信念，将它视为不只是一个对象；这使问题极大地复杂化。按照弗雷格（G. Frege）的著名例子，[②] 关于被分别称为“长庚星”和“启明星”的天体，古人持有不同的信念，如他们认为启明星是在早晨的天空可见的，而长庚星不是这样的，尽管事实上长庚星和启明星都同一于那颗行星金星，就像弗雷格会认识到的。正如我对该问题的看法，这样的信念不应该解释为都是在从物意义上关于同一对象的；有别的分析如此情景的方式：一个信念可能不是从物的，或者两者都可能不是从物的；表达式“启明星”——字面意义为“带来光明的星体”和“长庚星”——字面意义为“黄昏的星体”可以都

---

① 它们仍然具有很多主要性质，但这些性质大部分是否定性的，表现在对它们被相信具有的性质之否定中，另外既然是对象，它们就一定必然具有一些主要性质，这些性质是没有哪个对象可以缺乏的，如与自身同一的性质。

② Cf. Gottlob Frege, “Über Sinn und Bedeutung”, *Zeitschrift für Philosophie und philosophische Kritik*, 100, 1892.

处理为限定摹状词。如果我们把它们都当作从物的，我们就不必将它们都视为关于同一对象的信念——至少有关的假定天体之一可能是纯粹意向对象，而不是真实的天体，尽管事实是它们都可以说成与行星金星具有“对应”关系。这一关系不必是同一关系。在不同但相似的情景下，有关的置信对象之一可能被视为仅仅是置信的，另一个则可能被视为实在的，与它们都“对应”的置信外的对象相一致；但在弗雷格描述的情景下，没有什么去辩护对两个置信对象的不同处理，就我们把有关的信念当作从物的而言，我们于是就不得不视两者都为仅仅置信的。无论如何，仅仅通过言明下面事实：为了解释他们的天文观察，古人假定了两个天体，尽管事实上只有一个天体，也无论他们对这些假定对象是否持有从物信念，该情景就得到了令人满意的描述。当弗雷格的例子被解释为关于一个且同一个对象的矛盾从物信念例证时，我们应当避免来自该例子的不必要复杂化；这些复杂化的确是不必要的，因为它们可以很容易地避免掉。我希望我已澄清了这个问题。

在我看来，我们于是就需要置信对象（它们也可以是普通对象，还可以是仅仅置信的）的概念，以使从物信念讲得通，并且有了这个概念，我们也可以说明诸如弗雷格的经典例子那样的问题案例，而无须假定在一个情景下一个人可能持有矛盾的信念，并且在这个情景中这些信念对此人来说好像又是完全相容的。

其他人持有不同的见解，认为从物信念是另一种事物，或者不仅是心智状态：明显地相信一个特殊对象如何的心智状态是否真的是一个信念，这一点按照他们的观点是有赖于下面这个心智之外的条件，即在是其被相信所是的那类对象的意义上，这个对象事实上确实存在。于是似乎就必然有，如一个特定个人的存在终究可以仅由另一个人抱有某一从物信念的事实推断出。根据他们假设信念之从物的心智外条件，说一个人对一个对象持有不一致的信念，却没能够发觉这种不一致性，这种说法也是行得通的。不过，这个见解会导致许多问题。

其中之一就是，对于从物信念的内容，甚至这类信念中的某个信念是否被持有，我们不得不放弃第一人称权威原则，将决定权留给视自己持有该信念的那个人所无法控制的情景；但持有这一外部主义信念立场的人绝大多数都乐于那样做。

另一个问题是如何解释关于明显信念对象的否定存在陈述：我们怎样可以

弄明白对某人视自己相信如何如何的对象说它不存在，却不因此将从物信念一般地归结为从言信念呢？似乎清楚的是，主体必须相信**一些事情**，持有至少是从言的一个信念，无论根据心智之外的标准后者是否也是从物的；以及我们怎样能够陈述这一标准，以避免信念必须在任何情形下都被视作纯粹从言的后果呢？这是对外部主义的挑战。但我不会在这里进一步深入这些问题。

相反，我要进入我所喜欢的信念理论的一些有趣后果。让我们来考虑一个稍微有点特殊的信念例子，即宗教信仰以及作为置信对象的上帝的地位。如我们都知道的，对此并没有一般的一致意见。一方面，对一个信徒而言，上帝存在，并且在那个信徒的眼里是一个且唯一的神、世界的创造者，也因此正是实在的源头，他完全不同于任何虚构的人物。另一方面，对一个无神论者来说，上帝不存在，并且因此在那个无神论者眼里，上帝必定看起来就像在不是一个神的意义上不是实在的那样，非常类似于一个纯粹虚构的人物。所以，两方在根本上不一致。根据我的信念和对象理论，他们之间的不一致可以解释为对下述问题看法上的差异：作为置信对象的上帝是仅仅置信的，还是并非如此。

上帝是否实在，明显地就是某些信念的真理性问题。一个信徒是本人持有这些信念的人，因此他承诺上帝的实在性。但在这个方面，并不是关于上帝他所相信的一切都会是同等的重要。正常地，他将能够放弃他**关于**上帝的一些信念，而不必放弃他对上帝的信念。正常地，也会有不失去他的信仰他就不可能放弃的一些信念，如上帝就是**那个神**；我会将后一类信念作为**构件性信念**（constitutive beliefs）来谈论。是否一个置信对象不只是置信的，于是就一般地依赖于有关构件性信念的真理性。

无神论者是认为关于上帝的构件性信念是虚假的人（或者至少它们不是真实的），这一认识本身又可以看作持有关于上帝的一组不同信念，但既然他的信念是反对构件性信念，他显然就未通过**心怀**它们而承诺上帝作为一个神的实在性。无神论者的见解可能甚至没有使他承诺作为（仅仅）置信对象的上帝的存在，似乎情况是这样的：他不必将对上帝的宗教信念视作是从物的。他可以将它视为纯粹从言的信念——有一个至高无上的存在物、宇宙的创造者等；或者他可以宣称这个信念是无意义的。有一些人，他们的无神论表现为持有这些见解之一。不过，至于那个无神论者想进行与信徒的对话，以通过反驳他们来说服对方其宗教信念是虚假的，他就一定必然会将这些信念视作有意义的；我认为，接着他还必须认可作为信念对象的上帝的实在性——他不同意的一组信念的意向性对象。这一情形下，他自己的上帝不过是置信对象的信念很可能就是从物的，他以及他的宗教对手于是就可以都视为信徒，不同之处在于持有关于相同对象的不同及不相容的信念。但清楚的是，他们不是同一水平上的信徒；两者之间有另一个很重要的差别，即尽管无神论者的信念之中没有一个是由纯粹及简单地作为置信对象的上帝构成，但宗教信徒的一些信念却是这样的。反过来，根据我对该论战的分析，无神论者的一些信念事实上是由作为宗教信念的设定对象而被他称为“上帝”的东西构成的——作为双重置信对象。这些构件性信念可能又是根本性错误的：被无神论者认为是“上帝”并相信为缺乏实在性的意向对象，可能不过（错误地）是某一无人实际持有之信念的假定对象。于是就再一次与虚构人物的情形相类似，我们不仅可以有意义地询问一个置信对象是实在的或仅仅是置信的，还可以有意义地询问某物是否是真实的置信对象还是仅仅被相信如此。所以，在置信对象域中，“是实在的”没有绝对的意义这个观点仍旧成立。

放下无神论者与其宗教对手之间的论战不谈，让我们现在转向宗教比较研究，后者可以看作对特殊种类的信念系统的研究。在若干方面它也类似于文学批评，并且事实上宗教神话与一方面明喻和另一方面纯粹虚构之间没有清晰的界限。至于虚构理论必须认可如此虚构人物的实在性，相似的情形在有关信念对象的实在性方面也应当对于宗教信念理论成立。宗教学的学生所采取的对各个宗教信念的专业态度当然也就应该尽可能地中立。不考虑其个人的见解，作为专业人员他不应该在宗教争论中可以避免的时候有所偏袒。在我看来，他的专业立场必须是将不同宗教信条关涉的所有神和其他至高无上的存在物，认可为置信对象，但又抑制自己不做出超越那一点之外的有关其实在性的判断。

如果一个宗教学的学生没有采用我所推荐的方针，未能在我的意义上认可置信对象，就是即使可能仅是置信的，它们也被当作对象，那么他就将不能（例如）在无须承诺自己对至高无上存在物的信念的条件下，回答犹太教徒、基督教徒和穆斯林是否相信同样的神的问题。我想，那个问题的答案应该是“是的”，尽管这是由于有关这些宗教信条各自的共同起源的历史原因，并且是独立于它们的真或假的。这使我承诺将被称作“上帝”的置信对象（我想这是三个宗教所共同的）的存在认可为它们的主要敬拜对象，但并没有使我承诺去同意它们关于作为至高无上存在物和宇宙创造者的那个对象实在性的共同信念。

宗教信念是可以考虑为从物信念的一个例子，我想这个例子显示出我处理信念对象的一般方法的一些优越性。

[本文译自 Olav Asheim, "Creatures of Imagination and Belief", *Nordic Journal of Philosophical Logic*, Vol. 1, No. 1, pp. 61 – 78。张力锋译。译者单位：南京大学哲学系。本译文系国家社科基金重点项目（编号：20AZX015）的阶段性成果。]

（本文编辑：袁永锋）

Creatures of Imagination and Belief

Olav ASHEIM

Abstract: This paper is a defense of the meaningfulness of making distinctions like the traditional one between being and existence. It is argued, however, that a being can be said to lack existence only in a relative sense: there is no absolute sense of being real. There are at least two classes of entity of which we say that their members are not real. The first class is that of purely fictional characters. The second is that of the objects of fundamentally mistaken beliefs. It is argued that the members of each class must be said to exist in the sense that for certain theories to be true, they have to presuppose such entities as objects of discourse, referring to and quantifying over them.

Keywords: Being; Existence; Real; Fiction; Belief; Doxastic Object

堆垛悖论的三值语义多元主义解悖方案

——初步的哲学阐释与形式化工作

王文方

（山东大学哲学与社会发展学院）

摘　要： 对于堆垛悖论来说，三值解悖方案通常被认为是一种相对不可信的解悖方案，但本文结合一般的三值语义论与多重赋值理论，对堆垛悖论提出了一种新的三值解悖方案，并称为“三值语义多元主义”。三值语义多元主义主张对模糊语言的正确解释必须是一个三值的解释，而且这样的正确解释不止一个。作者从哲学的角度辩护了该立场并作了初步的形式化工作。此外，作者也说明了该方案在解决堆垛悖论上的优点。最后，作者辩护其主张可以反驳许多哲学家对堆垛悖论的三值解悖方案通常提出的批评，如无法允许真假的逐渐转移、无法容纳高阶模糊性以及无法解释半影连结现象等问题。作者辩护说，这些批评都不适用于三值语义多元主义。

关键词： 堆垛悖论；三值语义论；多重赋值理论；高阶模糊性；半影连结

一　模糊谓词与堆垛悖论

自然语言中有许多模糊的（vague，又译“含混的”）谓词[①]，如“是一个秃子”“是一堆”“是高的”“是红色的”“是中年人”“是50个学生中相当小的一

① 严格说来，当代研究模糊性和堆垛悖论的哲学家所关心的模糊词主要有两类：模糊谓词和模糊实体词（如“那片云”或“泰山”），但为简单起见，以下我们的讨论将以模糊谓词为主。

部分”“相似于”等。这些模糊谓词在表面上的共性[①]是：它们的用法缺乏清楚的界线[②]，以至于没能将所有的事物（或所有的事物序列）穷尽而又不重复地区分为该谓词适用和不适用的两类；或者说，它们在该谓词适用和不适用的事物（或事物序列）之间所划出的界线是“不清楚的”或“难以辨别的”（blurry, blurred or unclear）。[③] 比方来说，虽然25个（或35个）学生绝对不能算是50个学生中“相当小”的一部分，而1个或2个学生绝对算是50个学生中相当小的一部分，但许多介于2与25（或2个与35个）之间的数目（比方说12或16）则很难说是，也很难说不是50个学生当中“相当小的一部分”。当存在着一些事物（比如数目12或16）或一些事物序列（比如<济南市、西安市>这一对都市）很难说是，也很难说不是一个一元或多元谓词（如“是50个学生中相当小的一部分”或“相似于”）能够应用得上的事物或事物序列时，我们就说这个谓词是一个模糊的谓词，而这些事物（或事物序列）本身则被称为这些模糊谓词的“边界例子”（borderline cases）。模糊谓词有时被简单界定为具有边界例子的谓词。当我们使用一个模糊谓词去断说该谓词的一个边界例子时，我们所说出的语句则被称为“边界语句”（borderline sentences）。

模糊谓词的主要哲学困惑在于：从一个（或一些）对某个模糊谓词F来说明显成立的简单事实陈述，或许再加上一个对F来说似乎也明显成立的简单通则，我们就可以有效地推论出来一个明显为假的结论来。模糊谓词所产生的悖论一般被称为“堆垛”（*sorites*）悖论；其之所以如此命名，原因就在于当公元前4世纪犹比里底斯（Eubulides）首次提出这种类型的论证时，他使用了“一

---

① 我强调此处对模糊谓词的界定只是表面上的界定。当代与模糊谓词有关的主要哲学问题之一在于如何对“模糊谓词”提出一个不同模糊性理论都能够接受的精确定义［又称为“最小定义”（minimal definition）］，以严格区分模糊谓词与精确谓词，避免哲学家在使用“模糊谓词”一词时因用法不同而陷入各说各话的窘境。对这个问题的几个主要看法见 Greenough, P., 2003, “Vagueness: A Minimal Theory”, *Mind*, New Series, 112 (446): pp. 235 – 281 和 Weatherson, B., 2010, “Vagueness as Indeterminacy”, in Dietz, R. and S. Moruzzi, (eds.), 2010, *Cuts and Clouds: Vagueness, Its Nature and Its Logic*, Oxford: Oxford University Press, pp. 77 – 90。本文不涉及对这一问题的讨论。

② 有些哲学家，如 Williamson, T., 1994, *Vagueness*, London: Routledge、Sorensen, R. A., 2001, *Vagueness and Contradiction*, New York: Oxford University Press; Graff, D. (see also Fara, D. G.), 2000, “Shifting Sands: An Interest-Relative Theory of Vagueness”, *Philosophical Topics*, 28 (1): pp. 45 – 81; Fara, D. G., 2008, “Profiling Interest-Relativity”, *Analysis* 68 (4): pp. 326 – 335 和 Raffman, D., 1994, “Vagueness Without Paradox”, *Philosophical Review*, 103 (1): pp. 41 – 74，仍然认为模糊谓词还是有精确的界线。持类似观点的读者可以在此处“缺乏清楚的界线”之前加上“似乎”一词。

③ 以上这个表面性的界定来自 Smith, N. J. J., 2008, *Vagueness and Degrees of Truth*, Oxford: Oxford University Press, pp. 1 – 2。

堆”或“一垛”（sorites 源自希腊文 soros 意为 heap）这个模糊谓词的缘故。以下是堆垛悖论的一个常见例子。

（1）有 0 根头发的人是秃头。

（2）∀n（如果有 n 根头发的人是秃头，那么，有 n+1 根头发的人也是秃头）。

（3）∴ 不论有多少根头发的人都是秃头。

其中，（1）是一个与“是秃头”这个模糊谓词有关的简单事实陈述，而（2）这个一般被称为“宽容性原则”的通则[①]似乎也为真。但如果（1）和（2）两者都为真，那么，运用一些简单的经典逻辑推论规则，如全称个例化规则（universal instantiation）和离断律（modus ponens），我们便可以有效地推论出（3）这个明显为假的结论。

有些哲学家（如 Priest）认为，“等同”（或……与——是同一个事物）也是一个模糊的谓词。[②] 基于这个想法，Priest 提供了另一个有关于“等同”这个二位谓词的堆垛悖论。令 b_0 是 Priest 的身体，并且假设 b_0 是由 n 个人体分子所组成的事物。再令 b_0，b_1，…，b_n 是这样的一序列事物，其中的每一个（除了第一个之外）都是将前一个事物中的某个人体分子换成炒蛋分子的结果，因而最后一个事物 b_n 其实就只是一盘炒蛋。直觉上，如果我们只将一个人体的分子换成炒蛋分子，我们并不会因此就改变那个人体的同一性。我们每次消化完食物后，我们体内的组成分子就会和之前略有不同，不是吗？但我们似乎并未因此改变同一性：消化后的身体仍然是（等同于）之前的身体！但这样的直觉会迫使我们去说以下的这一序列的语句都为真：

$b_0 = b_1$

$b_1 = b_2$

---

① 或者说，（2）是以下这个一般称为“宽容原则”（tolerance principle；T）的一个特例（其中的“F”泛指任何一个模糊谓词）：如果主体 *s* 在语境 *c* 中将 *x* 归类为 F（或不是 F）是正确的，而且如果 *y* 和 *x* 在 F－相关方面对于在语境 *c* 中的 *s* 来说是“总体上非常相似的”，那么，主体 *s* 在语境 *c* 中将 *y* 归类为 F（或不是 F）也就会是正确的。

② Priest, G., 2003, “A Site for Sorites”, In Jc Beall (ed.), *Liars and Heaps*: *New Essays on Paradox*. Oxford: Oxford University Press.

…

$b_{n-1} = b_n$

然而，一旦我们接受这一序列的语句都为真，那么，透过经典逻辑的等同传递律（transitivity of identity），我们就会被迫去接受“$b_0 = b_n$”这个悖谬性的结论：Priest 的身体等于一盘炒蛋。这是堆垛悖论的另一个例子。值得注意的是，这个例子并未涉及宽容性原则。

当代对模糊谓词及堆垛悖论的研究热潮始自 Fine（1975）。1975 年之后，当代各种堆垛悖论的解悖方案纷出，令人目不暇接。以下是一些著名的模糊性理论与堆垛悖论解悖方案：①

- 认知主义（epistemicism）：认为模糊性是一种认知现象，而模糊谓词在语义上其实有清楚界线，如 Williamson（1994）、Sorensen（2001）、Graff（2000）、Fara（2008）和 Raffman（1994）等。
- 三值或真值空缺理论（three-valued or truth gap theory）：认为边界语句具有第三种真值或缺乏真值，并认为其语义论在逻辑上导致非经典的逻辑，如 Halldén（1949）、Körner（1955）、Tye（1994）和 Soames（1999）等。
- 超级赋值论（supervaluationism）：认为边界语句虽然具有第三种真值或缺乏真值，但其逻辑仍是准经典的逻辑（quasi-classical logic），如 Fine

① 除前面已引用的文献外，另见：Halldén, S., 1949, *The Logic of Nonsense*, Uppsala: Uppsala Universitets Arsskrift; Körner, S., 1955, *Conceptual Thinking*, Cambridge: Cambridge University Press; Tye, M., 1994, "Sorites Paradoxes and the Semantics of Vagueness", *Philosophical Perspectives*, 8, pp. 189 – 206; Soames, S., 1999, *Understanding Truth*, New York: Oxford University Press; Fine, K., 1975, "Vagueness, Truth and Logic", *Synthese*, 30 (3 – 4), pp. 265 – 300. Reprinted in Keefe and Smith 1996, pp. 119 – 150; Lewis, D., 1993, "Many but Almost One", in Keith Campbell, John Bacon and Lloyd Reinhardt (eds.), *Ontology, Causality, and Mind: Essays on the Philosophy of D. M. Armstrong*, Cambridge: Cambridge University Press, pp. 23 – 38; Keefe, R., 2000, *Theories of Vagueness*, Cambridge: Cambridge University Press; Zadeh, L. A., 1975, "Fuzzy Logic and Approximate Reasoning", *Synthese*, 30 (3 – 4), pp. 407 – 428; Priest, G., 1998, "Fuzzy Identity and Local Validity", *The Monist*, 81 (2), pp. 331 – 342; Priest, G., 2010, "Inclosures, Vagueness and Self-Reference", *Notre Dame Journal of Formal Logic*, 51 (1), pp. 69 – 84; Hyde, D., 1997, "From Heaps and Gaps to Heaps of Gluts", *Mind*, 106 (424), pp. 440 – 460; Raffman, 2014, D., *Unruly Words: A Study of Vague Language*, Oxford: Oxford University Press; Wright, C., 1975, "On the Coherence of Vague Predicates", *Synthese*, 30 (3 – 4), pp. 325 – 365; Horgan, T., 1998, "The Transvaluationist Conception of Vagueness", *The Monist*, 81 (2), pp. 313 – 330; Horgan, T., 2010, "Transvaluationism about Vagueness: A Progress Report", *Southern Journal of Philosophy*, 48 (1), pp. 67 – 94; Unger, P., 1979, "There Are No Ordinary Things", *Synthese*, 41 (2), pp. 117 – 154.

(1975)、Lewis (1993) 和 Keefe (2000) 等。

- 模糊论 (fuzzy theories): 认为边界语句只是真到一定程度的语句, 如 Zadeh (1975)、Priest (1998, 2003) 和 Smith (2008) 等。
- 双面真理论 (dialetheism): 认为边界语句是既真且假的语句, 如 Priest (2010) 和 Hyde (1997) 等。
- 语境论 (contextualism): 强调模糊谓词的外延会随着语境的改变而改变, 而堆垛悖论中其实潜藏着语境改变, 如 Raffman (1994) 和 Fara (2008) 等。
- 多重赋值论 (plurivaluationism or pluralism): 认为同一个模糊的语言在同一个语境下可以有不止一个正确的解释, 如 Smith (2008) 的多重赋值理论和 Raffman (2014) 的多重程距论 (multiple-range theory)。
- 认为模糊谓词本来就是逻辑上不一致的有缺陷谓词, 如 Wright (1975), 或认为模糊谓词是受到两个相互不一致的原则宰制的有缺陷谓词, 如 Horgan (1998, 2010) 的超越赋值理论 (transvaluationism)。
- 认为模糊谓词并非逻辑上不一致的谓词, 而许多堆垛悖论也都是逻辑上可靠的论证, 因而我们应该接受这些堆垛悖论的结论, 如 Unger (1979)。

基于篇幅的限制, 我将不会在本文中仔细说明或评论上述任何一种理论。在第二节里, 我将从哲学和逻辑两个方面分别说明一个结合了三值理论与多重赋值论的堆垛悖论解悖方案, 我将称其为"三值语义多元主义"(three-valued semantic pluralism), 并主张它是解决堆垛悖论的最佳解悖方案。尤其是, 我将在该节中指出堆垛论证中潜藏的"错误前提", 并解释为何该"错误的前提"如此不容易被发现。但由于哲学界长久以来对堆垛悖论的三值解悖方案一直存在着不信任的态度, 我因而将在第三节中回答三个对堆垛被论三值解悖方案常见的批评。

二 三值语义多元主义的哲学基本想法与形式化

对于包含模糊谓词的语言的语义理论, 我有以下两个基本的主张:

1. 对于一个包含了模糊谓词的模糊语言 *L* 的**任何一个**“正确的”解释都应该是一个强克林三值（Kleen's strong 3-valued or strong K_3）的解释。[①]

2. 对于一个模糊语言 *L* 的“正确的”解释可以有不止一个。更具体地说，对于任何一个对模糊语言 *L* 为正确的解释 M 来说，都存在着一或多个延伸（extend）了 M 的正确解释 M′，使得 $M \leqslant M'$。[此处，$M \leqslant M'$，当且仅当，如果 $v_M(a)=1$ 则 $v_{M'}(a)=1$，而且，如果 $v_M(a)=0$ 则 $v_{M'}(a)=0$。]

但为什么我或任何人要接受上述的两个主张呢？

我认为，上述的第一点可以从许多方向去辩护。其中之一当然是诉诸我们对边界语句的直觉：对于许多人来说，无论我们说一个边界语句为真或为假，似乎都缺乏语义上的正当性。但除了直觉之外，我们还可以诉诸其他的方式去辩护第一点。比方来说，Soames（1999）便认为，模糊谓词是在语义上只有其应用的充分条件但缺乏其应用的必要条件的谓词；Soames 并从此论证说模糊语言的语义论应该是一种三值的语义论。我认为 Soames 的这个看法基本上是正确的，但还不够精致（我的看法见以下的说明）。另外一种辩护上述第一点的方法是诉诸概念理论中的原型理论（the prototype theory），如 Hampton（2006）中的理论。[②] 根据 Hampton（2006），一个模糊的概念 F 并无精确的定义性结构，而只有以下这种不确定的概率性结构：一个事物属于 F 的外延，当且仅当，它满足 F“概念组成成分”中相当大一部分的性质。此处，“相当大一部分”一词当然是个模糊的词，而这无疑会让我们在许多语境中很容易发现一些无从判断是否满足该概率结构的例子。从这一点，我们似乎也很容易得到相同于 Soames 的结论：模糊语言的语义论应该是一种三值的语义论。我认为原型论至少对于模糊谓词来说是正确的，并且与 Soames（1999）兼容，但它却不容易说明我们如何学习简单的模糊概念，如“是红色的”等，因为简单的模糊概念并没有所谓组成该概念的成分性质可言。尽管上述的第一点可以从上述方向去辩护，但我知道，无论我以何种方式对第一点作辩护，持不同看

① 基于一些说明上稍嫌复杂的哲学考虑，我认为对于包含了模糊谓词的日常语言的弱克林三值逻辑解释会是一个太弱的解释，但我将不会在此说明这些哲学考虑。

② Hampton, J., 2006, “Concepts as Prototypes”, in B. H. Ross (ed.), *Psychology of Learning and Motivation* (Volume 46), New York: Academic Press, pp. 79 – 113.

法的哲学家总是可以找到他们认为站得住脚的方式去反驳第一点。因此，我在此只想简单指出：第一点在文献中并不缺乏支持者。

同样的，上述的第二点在文献中也不缺乏类似的想法。承认一个模糊的语言可以有多个正确解释是 Smith（2008）和 Raffman（2014）的共同想法，只是对 Smith 而言，这些正确的解释都是对语句赋予模糊真假值的模型，而对 Raffman 而言，这些正确的解释则都是对语句赋予经典真假值的模型。此外，当 Fine（1975）提出他超赋值主义的构想时，他将那些延伸了一个三值解释的经典延伸解释称为对该三值解释的“精确化”（precifications）；对 Fine 来说，说话者似乎有相当大的自由去对一个在某种意义下可称为正确的三值解释作出精确化的延伸（尽管 Fine 并没有称这些精确化的延伸为“正确的解释”），而这些延伸最终也以某种方式决定了一个模糊语言中语句的语义值。我同意 Smith（2008）和 Raffman（2014）的看法，认为模糊的语言可以有多个正确的解释，我也同意 Fine 的暗示，认为我们有相当大的自由去对一个正确的三值解释作出适当的延伸。我与 Fine（以及我与 Smith 和 Raffman）的一个重要不同之处在于：我认为将一个正确的三值解释延伸为一个经典或模糊论的（fuzzy）解释有武断和任意的嫌疑，并且抵触了模糊谓词在直觉上的不确定性。对我来说，任何对模糊语言正确的三值解释的语义延伸，如果要能够被认为是同样正确的话，就必须仍然是一个三值的解释。再一次地，我知道，无论我以什么样的方式去对上述的第二点作出辩护，持不同看法的哲学家总是可以找到他们认为站得住脚的方式去反驳第二点。因此，我在此同样只是想简单指出：第二点在文献中并不缺乏类似想法的支持。

但是，是什么事情使得前述的第一点和第二点为真呢？我的观察与看法如下：在学习一个模糊谓词“F”及其否定时，如“高个子”和“非高个子”，学习者是透过具有明显差异对比的正面范例（positive stereotype 或正面原型，如姚明）和反面范例（negative stereotype 或反面原型，如王宝强）而“大致”学会该模糊谓词的用法。这种学习方式解释了为何模糊的谓词只有断说“F”与“非 F”的充分条件而无其必要条件：在这个例子中，我们至少知道，比方说，比姚明更高（或比王宝强更矮）的人一定是“高个子”（或“非高个子”）这个谓词适用的对象。尽管能够称得上是“F”的人当然都不能说是“非 F”，而反之亦然，但是，在有些情况下，特别是碰到边界例子的情况下，我们就没有任何规则可以强制我们说这些边界例子并不适用这个谓词（或不适用其否定）。不过，我们学习到的模糊谓词的用法并非固定的，它同时也允许我们“适当地”对“F”与“非F”的外延作出延伸（这就是我稍早时说，透过范例，我们只是“大致学会模糊谓词的用法”的缘故）。但一件重要的事情是：这样的延伸总是有限度的，必须是“恰当的”（adequate）。但怎样的延伸才算是恰当的呢？这个问题不容易回答，但以下这个非平凡性的（non-trivial）想法①似乎是合理的：由于模糊谓词的标准正面和反面范例之间总是存在着明显的差异，因而我们至少知道“将一个模糊谓词和其否定无差别地延伸应用到两个无法察觉其差异的事物上”是不合理的。比方来说，如果你是透过像姚明和王宝强这样的正反面范例而学会“高个子”和“非高个子”这两个谓词，你当然可以自由地把比姚明矮0.001厘米的人当作“高个子”，并把比王宝强高0.001厘米的人当作“非高个子”，只要这两个延伸的例子的身高对你来说仍然有着明显的差异；换言之，只要你延伸应用“高个子”和“非高个子”这两个谓词后的两组对象之间在身高上仍然存在着清楚的差异，那么，似乎就没有人可以因为你对它们作出这样的延伸而说你不懂得如何使用这两个谓词。但如果你将身高上无法分辨的两个人当中的一个称为“高个子”并将另一个称为“非高个子”，那么，你对于这两个谓词的延伸应用就会是不恰当的，并显示出你其实不懂得如何使用这两个谓词。

如果上述的看法是正确的，那么，我相信，除了前述的两个主张之外，我们还应该接受以下这个我称为“限制性宽容原则”（restricted tolerance principle；T_R）的原则，并将它当作对模糊谓词来说普遍成立的原则（其中，“F^+”指的是“F”适用的事物所形成的集合，或称“F的正外延”，“F^-”指的是“F”不适用的事物所形成的集合，或称“F的反外延”，而所谓“F^-相关方面”泛指任何一个与一个事物是否是F有关的特性）：

> （T_R）：如果主体s在语境c中将x归类为F^+（或F^-）是正确的，而且如果y和x在F^-相关方面对于在语境c中的s来说是“总体上非常相似的”，那么，当以下条件满足时，主体s在语境c中将y归类为F^+（或F^-）也会是正确的：在如此归类后，任何F^+中的例子与任何F^-中的例子在F^-

① 以下这个想法当然是平凡的：如果将“F”延伸应用到a上是正确的，并且b在F^-相关方面总体而言是介于正面范例和a之间，那么，将“F”延伸应用到b上也会是正确的。

相关方面对于在语境 c 中的 s 来说仍然会是认知上（cognitively）显然有别的（saliently different）。

此处，（T_R）中所说的“认知”包括“知觉”与“概念”两个方面（显然，有些模糊谓词与知觉有关，如“是红色的”和“是秃头”，而有些模糊谓词则与概念有关而与知觉无明显关联，如“是中年人”和“是50个学生中相当小的一部分”），而其中所说的“认知上显然有别”当然可能因人而异：在你看来是两个明显不同的红色对我来说可能并没有差别。读者应该很容易看出：（T_R）其实只是一般所谓的宽容性原则（T）的一个限制版本而已。

如果我的两个基本主张是正确的，那么，对日常语言为正确的形式化语义模型也就只能是三值的语义模型。令 L 是我们日常语言中同时包含了模糊谓词与精确谓词的初阶语言部分，那么，我认为，对 L 的任何一个语义模型 $M = <D_M, VI_M, v_M>$ 都必须是满足以下条件的一个三元组：

◆ D_M 是一个非空的集合。

◆ VI_M 是 D_M^2 的子集合并满足以下的三个条件：（i）如果 $<a, b>$ 属于 VI_M，则 $a \neq b$；（ii）如果 $<a, b>$ 属于 VI_M，$<b, a>$ 亦然；（iii）如果对于某个精确谓词 F 来说，$<a_1, \cdots, a_{i-1}, a, a_{i+1}, \cdots, a_n> \in F^+$ 而 $<a_1, \cdots, a_{i-1}, b, a_{i+1}, \cdots, a_n> \in F^-$，则 $<a, b> \notin VI_M$。

◆ 对每个常元 c，v_M 指定 D_M 中的一个事物作为其指称。对每个 n 位模糊谓词 F，v_M 指定一对满足以下条件的 n 元组的集合 $<F_M^+, F_M^->$ 作为其值：$F_M^+ \cap F_M^- = \emptyset$ 而 $F_M^+ \cup F_M^- \neq D_M^n$。$v_M$ 对于精确谓词的解释则与经典逻辑的解释相同。

直觉上，VI_M 指定论域中那些事物之间是“模糊等同的”，而这样的指定应该具备反自反性和对称性这两个特性。此外，如果我们可以使用精确谓词精确地说出 a 和 b 在某件事情上的差别，那么，直觉上 a 和 b 就不应该是模糊地等同的事物。注意，这个定义中一件非常重要的规定是：v_M 对于模糊谓词的解释不可以是经典的，亦即，$F_M^+ \cup F_M^-$ 必须不等于 D_M^n。这个规定的主要目的一方面在于反映我在这一节中一再强调的一个想法：“对于一个包含了模糊谓词的模糊语言 L 的任何一个正确的解释都应该是一个强克林三值的解释”，另一方面则在于企图去捕捉前述（T_R）中的一个想法：任何 F^+ 中的例子和任何 F^- 中的例子在 F^- 相关方面对于在语境 c 中的 s 都必须是认知上显然有别的。

有了关于 L 的语义模型的概念之后，接下来我们就可以定义“在模型 M 中为真”（True-in-M）这个概念。我们对该念的归纳定义如下：

◆如果 $<v_M(c_1), \cdots, v_M(c_n)> \in F_M^+$，则 $v_M(Fc_1 \cdots c_n) = 1$；如果 $<v_M(c_1), \cdots, v_M(c_n)> \in F_M^-$，则 $v_M(Fc_1 \cdots c_n) = 0$；否则，$v_M(Fc_1 \cdots c_n) = n$。

◆如果 $v_M(c_1) = v_M(c_2)$，则 $v_M(c_1 = c_2) = 1$；如果 $<v_M(c_1), v_M(c_2)> \in IV_M$，则 $v_M(c_1 = c_2) = n$；否则，$v_M(c_1 = c_2) = 0$。

◆对真值函数语句，我们选择强 K_3 作为真值函数算子的定义：

p	¬p
1	0
n	n
0	1

∧	1 n 0
1	1 n 0
n	n n 0
0	0 0 0

∨	1 n 0
1	1 1 1
n	1 n n
0	1 n 0

◆如果对每个常元 c 来说，$v_M(\phi(c)) = 1$，则 $v_M(\forall x\phi) = 1$；如果对某个常元 c 来说，$v_M(\phi(c)) = 0$，则 $v_M(\forall x\phi) = 0$；否则，$v_M(\forall x\phi) = n$。（为简单起见，我们假设论域中的每个事物都有名称。）

◆最后，我们可以这样定义论证的有效性：一个论证是有效的，当且仅当，该论证能在每个模型 M 中都保存“在模型 M 中为真”的特性。

根据以上的定义，我们可以很快地得到一些可证的结果（但我将不会在这里证明它们），这些包括：(a)多数经典逻辑中有效的推论类型在我们的定义中仍然是有效的，如 Universal Instantiation（UI）、Universal Generalization（UG）、Modus Ponens（MP）、Modus Tollens（MT）、Transitivity of Identity（TI）、Identity（ID）（亦即，结论为“c = c”的推论）、Substitutivity of Identity（SI）（亦即，$\phi(a), a = b / \therefore \phi(b)$）以及 Converse of Substitutivity of Identity（CSI）（亦即，$\phi(a), \neg\phi(b) / \therefore a \neq b$）等；以及(b)经典逻辑中的恒真式对于不包含模糊谓词的句子来说仍然是成立的。但当“A”包含了模糊谓词时，“A→A”

（或“$\neg A \vee A$”）并不见得会是恒真式。这似乎是一个不好的结果，因为它们似乎和我们对于“如果 A 则 A”这种指示条件句的直觉相抵触。[但我们可以引进“适当的条件句”（suitable conditionals），如相干蕴含、Stalnaker 的指示条件句或外推式（extrapolationist）条件句等，去解决这个问题。详见本文第三节。]

以上的形式化语义论与一般的强克林三值语义论并没有太大的不同，而使用这样的语义论去解决堆垛悖论也遭受过很多的批评。因而，乍看之下，我对于堆垛悖论的解悖方案与 Halldén（1949）、Körner（1955）、Tye（1994）和 Soames（1999）等人的解悖方案并无不同，也无法避免这些批评。但是，与一般三值解悖方案不同之处在于：我还主张一个模糊的语言可以有多个正确的三值解释，而这些正确的三值解释间的差别仅在于对于模糊谓词的解释不同。从一个正确的三值解释 M 出发，你可以有一或多个正确延伸了 M 的三值解释。以下让我仔细说明这一点。

我们说，一个三值解释 M′延伸了另一个三值解释 M，符号上表示为“$M \leqslant M'$”，当且仅当，如果 $v_M(a)=1$ 则 $v_{M'}(a)=1$，而且，如果 $v_M(a)=0$ 则 $v_{M'}(a)=0$（注意，在我们前述关于模型的规定中，这样的延伸还必须是三值的，不能是经典的）。而如果我前述的两个主张是正确的，那么，我们就可以合理地假设我们的语言 L 不仅至少有一个正确的三值解释 M，并且还有多个延伸了 M 的正确三值解释。现在，为了简单起见，我假设：给定一个正确的三值解释 M 之后，所有延伸了 M 的正确三值解释的集合 $S_M = \{M' \mid M \leqslant M'$且 M′是恰当的$\}$ 是唯一的（unique），[①] 那么，我们可以证明 S_M会具有以下两个性质：[②]

◆(a)：令 p 和 q 为任意的原子句，那么，如果对某个 $M', M'' \in S_M$，$v_{M'}(p)=n$ 且 $v_{M''}(q)=n$，那么，就会有个 $M^* \in S_M$使得 $M^* \leqslant M'$，$M^* \leqslant M''$ 且 $v_{M^*}(p) = v_{M^*}(q)=n$。

① 为什么我要说“为了简单起见，我假设所有延伸了 M 的正确三值解释的集合 S_M是唯一的”呢？那是因为：我认为“延伸了 M 的正确解释的集合”一词也是模糊的，因而不只可以有一个集合 S_M算是延伸了 M 的所有正确解释的集合，也可以有多个集合算是延伸了 M 的所有正确解释的集合。但所有这些延伸了 M 的所有正确解释的集合都具有以下的两个性质，而这对于我的目的来说是最重要的。所以，以下为了简单起见，我假设 S_M是唯一的。

② 对(a)的简单证明如下：由于 $S_M = \{M' \mid M \leqslant M'\}$，因而，如果存在某个 $M', M'' \in S_M$使得 $v_{M'}(p)=n$ 且 $v_{M''}(q)=n$，那么 M 就会满足 $M \in S_M$并使得 $M \leqslant M'$，$M \leqslant M''$ 且 $v_M(p) = v_M(q)=n$。对(b)的证明类似于此。

◆(b)：对任意原子句 p，如果有 $M' \in S_M$ 使得 $v_{M'}(p) \neq 1$ 且有 $M'' \in S_M$ 使得 $v_{M''}(p) \neq 0$，则有 $M^* \in S$ 使得 $v_{M^*}(p) = n$。

同样的，给我们任何一个 L 的三值语义模型 $M = \langle D_M, VI_M, v_M \rangle$（不论它是否是一个对 L 的正确解释），我们也可以定义"M 的恰当延伸集 S_M"为一个由所有"恰当"延伸了 M 的三值模型所形成的集合 S_M：$S_M = \{M' \mid M \leq M'\}$，且该集合具有上述的(a)和(b)两个特性。

有了"M 的恰当延伸集 S_M"之后，我们就可以像超赋值主义者一样定义两个类似于超真（supertrue）和超假（superfalse）的概念。我们说：

◆一个语句"在 M 中为单真"（true-simpliciter-in-M），当且仅当，它在 S_M 的每个模型 M′中都为真。

◆一个语句"在 M 中为单假"（false-simpliciter-in-M），当且仅当，它在 S_M 的每个模型 M′中都为假。

◆一个语句"在 M 中为边界语句"（borderline-sentence-in-M），当且仅当，它在 M 中既非单真亦非单假；或者，由于假设(b)，它至少在一个 S_M 中的解释下为 n。

有了"在 M 中为单真"的概念之后，我们也就有了第二种定义有效性的方式。我们说一个论证是有效的，当且仅当，它在每一个模型 M 中都具有"保持在 M 中为单真"的特性；换言之，如果它的每一个前提在每一个恰当地延伸了 M 的解释中都为真，那么，它的结论也会在每一个恰当地延伸了 M 的解释中为真。不过，这个新定义与我们稍早给出的有效论证定义其实决定了相同的逻辑，[①] 因而以下我将不会特别强调这个新的关于有效性的定义。但我将利用"单真"和"单假"这两个概念说明上述这个关于模糊语言的形式语义论的一些好处。

首先，我们可以证明，虽然在 M 中为单真（或单假）的定义十分类似于超赋值主义语义论中"超真"和"超假"的概念，但由于前述性质(a)和性质(b)

① 这个证明的关键在于先证明"一个语句在 M 中为真，当且仅当，它在 M 中为单真"。一旦证明了这一点（这并不困难），剩下来的部分也就很容易了。我把这个证明留给读者。

的缘故，我们的语言中的算子都是单真值函数式的（truth-simpliciter functional）算子，而这一点十分不同于超赋值主义的语义论。当我们说我们语言中的算子都是单真值函数式的算子时，我们指的是：我们语言中的连接词具有以下的特性，而这些特性是超赋值主义语言中的算子所缺乏的：[1][2]

◆一个析取句在 M 中为单真，当且仅当，其中至少一个析取项在 M 中为单真，而一个合取句在 M 中为单假，当且仅当，其中至少一个合取项在 M 中为单假。

而如果我们假设一个模型 M 论域 D_M 中的每个事物都至少有个常元作为其名称，那么，我们的量化语句还会具有以下这个超赋值主义语言中的量化语句所缺乏的性质：

◆一个存在语句在 M 中为单真，当且仅当，它至少有一个替代例（substitutional instance）在 M 中为单真，而一个全称语句在 M 中为单假，当且仅当，它的每一个替代例在 M 中都为单假。

因此，我对于堆垛悖论所提出的形式语义论构想解至少在以下这个重要的方面十分不同于超赋值解悖方案：我的解悖方案不受“消失的证人”（missing witness）问题的困扰，但超赋值解悖方案则受到该问题的困扰。[3] 比方来说，在超赋值语义论中，你可以有一些合取句，如“Fa ∧ ¬Fa”（其中，“Fa”和“¬Fa”都是边界语句）；或全称语句，如“∀n（如果有 n 根头发的人是秃头，那么，有 n+1 根头发的人也是秃头）”在一个模型 M 中是“超假”的，但它却

---

① 当然，我们的语言也有以下的特性，但这些特性对我们论证的目的来说并非重要的：

◆一个否定句在 M 中为单真，当且仅当，其中被否定的语句在 M 中为单假，并且一个否定句在 M 中为单假，当且仅当，其中被否定的语句在 M 中为单真。

◆一个析取句在 M 中为单假，当且仅当，其中两个析取项在 M 中都为单假，而一个合取句在 M 中为单真，当且仅当，其中两个合取项在 M 中都为单真。

② 以下这个重要的性质的证明，详见 Wang，2018，“Three-Valued Semantic Pluralism：A Defense of A Three-Valued Solution to the Sorites Paradox”，*Synthese*，Volume 195，Issue 10，pp. 4441－4476 中的附录；基于篇幅的缘故，我将不会在这里重复说明该处冗长的证明。

③ 有关于对消失的证人问题的说明及何以超赋值解悖方案受到该问题的困扰，有兴趣的读者请参见 Smith，N. J. J.，2008，*Vagueness and Degrees of Truth*，Oxford：Oxford University Press，pp. 84－110。

没有任何一个合取项（或者，如果该语句是全称语句的话，它没有任何一个替代例）在 M 中是超假的。类似地，在超赋值语义论中，你可以有一些析取句，如“Fa ∨ ¬Fa”［其中，“Fa”和“¬Fa”都是边界语句；或存在语句，如“∃n”（有 n 根头发的人是秃头，但是有 n+1 根头发的人却不是秃头）］在一个模型 M 中是“超真”的，但它却没有任何一个析取项（或者，如果该语句是存在语句的话，它没有任何一个替代例）在 M 中是超真的。对于许多哲学家来说，这些消失证人的结果在直觉上都是不可被接受的，因而构成了反对超赋值解悖方案的一个重要理由。但我们稍早说过，由于我们语义论中的算子都是单真函数式的算子，因而我们的语义论并没有这样的困扰。

三值语义多元主义的另一个好处是它允许我们在边界语句中作出初阶和高阶边界语句的区别，并因而捕捉了许多人认为“边界性”也是模糊词的直觉。我将在这里先说明如何作出这些区分，然后在下一节中用这些区分去回答一个对堆垛悖论三值解悖方案常见的批评。

首先，让我们注意，在“给定一个对 L 为正确的三值解释 M，所有延伸了 M 的正确三值解释的集合 $S_M = \{M' \mid M \leqslant M'$ 且 M' 是恰当的$\}$ 是唯一的”之假定下，我们可以进一步合理假定所有对 L 为正确的三值解释的集合也是唯一的，让我们称之为 S_L，并据此给出以下不相对于模型的“单真”“单假”和“边界语句”的定义：

◆一个语句为“单真”（true-simpliciter），当且仅当，它在 S_L 的每个模型中都为真。

◆一个语句为“单假”（false-simpliciter），当且仅当，它在 S_L 的每个模型中都为假。

◆一个语句为“边界语句”（borderline-sentence），当且仅当，它既非单真亦非单假。

给定 S_L，你可能发现有些边界语句是这样的：它们在 S_L 中所有正确的三值解释 M 里都既不为真也不为假；我们可以称这样的边界语句为“明确的边界语句”（clear borderline sentence）或“初阶模糊语句”（first-order vague sentence），并称它们所谈论的个体为“明确的边界例子”（clear borderline case），我们也说这样的语句或例子的模糊性为初阶模糊性。比方来说，假设图一中的 a_0 至 a_{22} 是所有的事物所形成的论域，该图最下方的横线为对某一个谓词“F”的正确三值解释之一，而其上方的其他横线则为延伸了该正确解释的其他正确三值解释。在这个例子中，语句“Fa_{11}”和“Fa_{12}”在所有正确解释中都既不为真也不为假，所以是初阶的模糊语句。

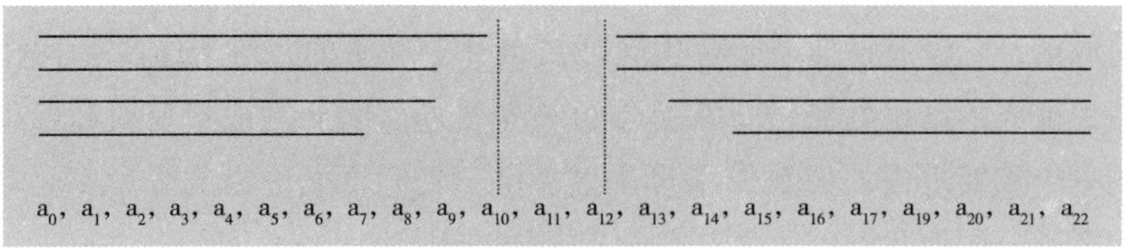

图一

但同样给定 S_L，你也可能发现有些边界语句是这样的：它们并非在其中每一个正确的三值解释 M 中都既不为真也不为假（如图二至图四所示），因而不是明确的边界语句或初阶模糊语句，我们可以称这些语句为“不明确的边界语句”（unclear borderline sentence）或“高阶模糊语句”（higher-order vague sentence），并称它们所谈论的个体为“不明确的边界例子”（unclear borderline case）。我们也说这种语句或例子的模糊性为高阶模糊性。而这样的高阶模糊语句又可以进一步简单分成以下三类：

◆↑-高阶模糊语句：它们在有些对 L 为正确的三值解释中为真且在有些对 L 为正确的三值解释中为不真不假，但它们在任何对 L 为正确的三值解释中都不为假，如图二中的语句“Fa_8”“Fa_9”和“Fa_{10}”。

◆↓-高阶模糊语句：它们在有些对 L 为正确的三值解释中为假且在有些对 L 为正确的三值解释中不真不假，但在任何对 L 为正确的三值解释中都不为真，如图三中的语句“Fa_{13}”和“Fa_{14}”。

◆混淆的模糊含混语句：它们是既非初阶，亦非↑-高阶或↓-高阶的模糊语句；它们在有些对 L 为正确的三值解释中为真，在有些对 L 为正确的三值解释中为假，而在有些对 L 为正确的三值解释中不真不假，如图四中的语句“Fa_{10}”“Fa_{11}”“Fa_{12}”和“Fa_{13}”。

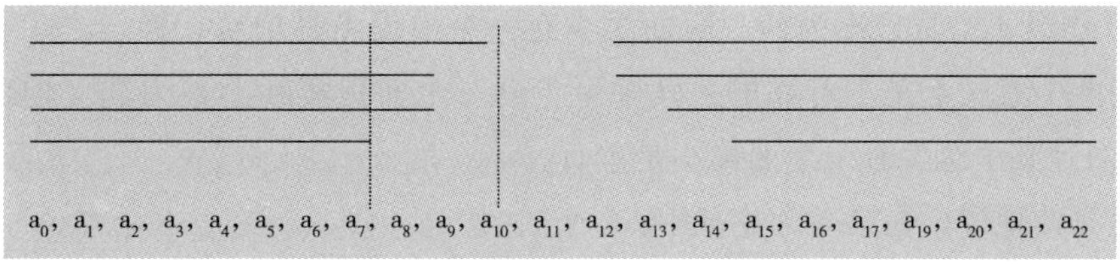

图二

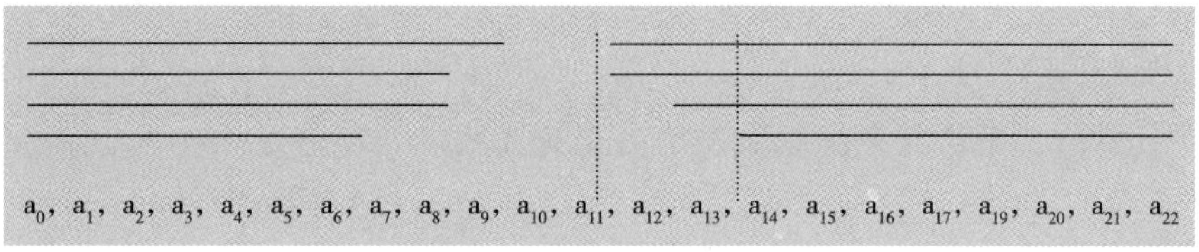

图三

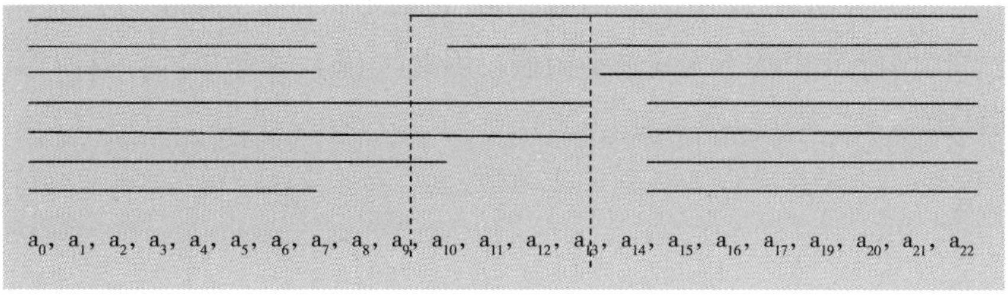

图四

三值语义多元主义的第三个好处是它能够提供给我们以更可信的说法去解决堆垛悖论。我们在第一节中看过两个堆垛悖论的例子，但类似的论证其实还有很多种，问题也不一。[①] 为简单起见，我在此只以那两个堆垛悖论为例来说明其中的问题。从三值语义多元主义的角度来看，这两个论证的共同问题是：它们虽然都是有效的论证，但却是不可靠（unsound）的论证。它们之所以是有效的，那是因为，如同我们先前看过的，其中所涉及的推论类型，如（UI）、（MP）和（TI）等，都是有效的推论类型。而它们之所以是不可靠的，那是因为：在每一个对该两论证为正确的三值解释 M 中，这两个论证都至少有一个前

① 比方来说，下面这个堆垛悖论的问题就与第一节中的两个不同：（1）有 0 根头发的人是秃头。（2）有 100000 根头发的人不是秃头。∴ $\exists n$（$0 < n < 100000$ ∧ 有 n 根头发的人是秃头 ∧ 有 $n+1$ 根头发的人不是秃头）。

提在 M 中既不为真也不为假，因而至少有一个前提不是单真；换言之，它们在以下的两个意义上是不可靠的：其中至少有一个前提实际上不为真（但也不为假），而且其中至少有一个前提不是单真。

更具体地说，在第一个论证中：

（1）有 0 根头发的人是秃头。

（2）$\forall n$（如果有 n 根头发的人是秃头，那么，有 n+1 根头发的人也是秃头）。

（3）∴ 不论有多少根头发的人都是秃头。

前提（1）实际上为真，并因而为单真（凡实际上为真的语句都是单真）。但前提（2）则在每一个对此论证为正确的解释 M 中都既非真亦非假，而这是因为：虽然（2）没有在 M 中为假的替代例（substitutional instance），但（2）却有一些替代例在 M 中既不为真也不为假。因此，（2）并非单真。类似地，在第二个论证中：

$b_0 = b_1$

$b_1 = b_2$

…

$b_{n-1} = b_n$

$\therefore\ b_0 = b_n$

在每一个对该论证为正确的三值解释 M 里，都至少有一些具有“$b_i = b_{i+1}$”形式的前提在 M 中既不为真也不为假，因而，这些语句也非单真的语句。

但为什么这些堆垛悖论的不可靠性如此不容易被发现，以至于它们困扰了哲学家两千多年之久呢？对这个问题给出可信的解答通常被认为是解决堆垛悖论的关键之一。传统上，三值逻辑学家对此问题的答复是：虽然这些堆垛悖论中有问题的前提实际上并不为真，但由于它们实际上也都不为假的缘故，这让人容易误以为它们实际上为真。但如果你接受前述三值语义多元主义的看法，那么，除了这个“传统的说法”之外，你还可以更进一步地解释它们让人觉得为真的缘故；你还可以说：不但这些论证中有问题的前提在每一个正确的模型中都不为假，而且它们还可能在许多或大多数的正确解释中为真（如第二个悖论中的几乎每一个前提），或者它们的每一个替代例可能在许多或大多数的正确解释中都为真［如第一个悖论中的前提（2）］，而这很容易让人误以为它们实际上为真。我认为这样的答复会让三值语义多元主义在解决堆垛悖论时比传统的三值语义论更具有说服力。

三　对三值语义多元主义的可能反对与回复

对堆垛悖论的三值解悖方案有三个主要的反对意见，其一是堆垛悖论的三值解悖方案忽略了模糊性逐渐转移的现象，其二是三值解悖方案无法区分初阶模糊性与高阶模糊性，其三是堆垛悖论的三值解悖方案忽略了边界语句间的半影连结现象。我将在这一节中说明三值语义多元主义如何回答这三个问题，首先让我们看第一个问题。

Smith（2008）认为，模糊谓词强迫我们必须承认在真和假之间有所谓“逐渐转移”（gradual transition）的现象，但这样的逐渐转移现象却无法被容纳在三值语义的框架中。基于此，他认为允许真假程度的模糊语义论（fuzzy semantics）才是最理想的堆垛悖论解悖方案。

但我认为，上述 Smith 对三值解悖方案的批评并不适用于三值语义多元主义，理由在于三值语义多元主义可以同意真和假（更准确地说，单真和单假）之间可以有逐渐的转移，甚至可以允许语句有真假的程度（degrees）。比方说，假设 SL 是对 L 而言所有正确的三值解释的集合，SLA^+ 是其中 A 为真的正确三值解释的集合，而 SLA^- 则是其中 A 为假的正确三值解释的集合。那么，当 SL 的基数为有限大时，我们便可以定义“A 接近真的程度”为 $c+(a)=|SLA^+|/|SL|$（其中，$|S|$ 为集合 S 的基数），并定义“A 接近假的程度”为 $c-(a)=|SLA^-|/|SL|$。借此两者，我们甚至可以进一步定义 A 的真值度 c(a) 为 $c(a)=c+(a)$ 或 $c(a)=(1+c+(a)-c-(a))/2$。每个语句（不论模糊与否）因而会有一个唯一的真值度 c。但即使 $|SL|$ 是个无限大的基数，我们也可以找到一序列的句子 A1，…，An 满足以下的条件：$SLA1^+\subset\cdots\subset SLAn^+$。在这种情况下，我们可以利用任何一个从 $\{SLA1^+, \cdots, SLAn^+\}$ 到 [0, 1] 且满足以下三个条件的 into 函数 f 去定义一序列的真值度：（i）$f(\emptyset)=0$；（ii）$f(SL)=1$；（iii）如果 $SLAi^+\subset SLAj^+$，则 $f(SLAi^+)<f(SLAj^+)$。

我相信，上述方法中的任何一种都足以显示：从单真到单假之间有逐渐转移的现象存在，并允许语句有真假的程度。

除了真假之间逐渐转移的现象之外，许多哲学家还认为，模糊谓词还强迫我们承认高阶模糊性的存在。模糊谓词具有其正面例子与反面例子之外的边界例子这一现象，通常被称为模糊谓词的“一阶含混性”。但许多学者，如 Sainsbury[①] 还指出：大多数的模糊谓词不但具有“既不属于其正面例子也不属于其反面例子”的一阶边界例子，还具有“既不属于其正面例子也不属于其一阶边界例子”的例子（或“既不属于其负面例子也不属于其一阶边界例子”的例子）。换言之，对于大多数模糊谓词来说，有些事物（或事物序列）既难以被说成是该谓词的正面例子（或反面例子），也难以被说成是该谓词的一阶边界例子；而当我们以一个模糊谓词去断说后者时，这样形成的语句既难被说成是真的（或假的），也难被说成不真不假的。

模糊性可以被分为一阶和高阶模糊性两种（后者还可以进一步细分为二阶和三阶等），这几乎是所有处理堆垛悖论的哲学家的共同意见。[②] 而 Williamson 认为，这样的高阶模糊性在三值语义论中“从未获得适当的处理”。但 Williamson 为什么这么说呢？一个原因是：三值逻辑学家通常认为，模糊的语言虽然有多种可能的解释，但只有其中的一个才是正确的解释。在该正确的解释中，我们对一个模糊谓词的任何一个边界例子所能说的似乎只是：它既不属于该谓词的外延，也不属于其反外延；因而，我们似乎缺乏手段去区分一个模糊谓词的初阶模糊例子和其高阶模糊例子。Williamson 意识到这可能是由于我们的语言 L 在资源上相对缺乏使然，他因此想象一位三值语义学家以下述方式定义了一个表达“这是确定的事：……”这个算子“Δ”：“ΔA”在 M 中为真，当且仅当，A 在 M 中为真；否则，“ΔA”在 M 中为假。但他接着论证说，虽然三值语义论者可以借此对一个边界语句“P”断说“$\neg\Delta P \wedge \neg\Delta\neg P$”，但这样的三值语义论者却同样必须同意“$\Delta\Delta P \vee \Delta\neg\Delta P$”对“P”也为真。但 Williamson 说道，最后的这个断说“并不符合对 Δ 的意欲解释”，因为“P”有可能是高阶含混的语句，因而其是否确定为真这件事并非确定的。Williamson 在此想要说的事情是这样的：如果我们想要借着扩充 L 的资源并引进一个表达“这是确定的事：……”

① Sainsbury, R. M., 1991, “Is There Higher-Order Vagueness”, *Philosophical Quarterly*, 41, pp. 167 – 182.

② 但也有一些例外，如 Wright, 1987, “Further Reflections on the Sorites Paradox”, *Philosophical Topics*, 15, pp. 227 – 290 及其 1992, “Is Higher-Order Vagueness Coherent?”, *Analysis*, 52, pp. 129 – 139。

的算子“Δ”，以扩充L的表达力，那么，某些对一阶模糊语句“P”能够断说为真的事情（如“¬ΔP ∧ ¬Δ¬P”和“ΔΔP ∨ Δ¬ΔP”）[①] 就不应该能够被用来真的断说一个高阶的模糊语句“Q”。

但上述这两个对三值解悖方案与高阶模糊性的批评并不适用于三值语义多元主义。我们在前一节中已经看过如何借着多个正确的解释去区分初阶模糊性与高阶模糊性：对一个模糊谓词的初阶模糊例子来说，你唯一能够正确地说的事情是它们既不为真也不为假，但对于其高阶模糊的例子来说，你则可以正确地说得更多：如它们也为真，或它们也为假等。而就算我们要扩充 *L* 的资源并引进一个表达“这是确定的事：……”的算子“Δ”，三值语义多元主义者也不见得要依照 Williamson（2004）所建议的方式去定义“Δ”。比方来说，三值语义多元主义者可以使用下述的方式去模态化“Δ”这个算子：

◆v_M（ΔA）=1，当且仅当，在 S_M 中所有恰当延伸了 M 的解释 M′中，$v_{M'}$(a)=1；v_M（ΔA）=0，当且仅当，在 S_M 中所有恰当延伸了 M 的解释 M′中，$v_{M'}$(a)=0 或在 S_M 中所有恰当延伸了 M 的解释 M′中，$v_{M'}$(a)=n；否则的话，v_M（ΔA）=n。

◆“ΔA”为真（且为单真），当且仅当，在所有对 *L* 为正确的解释 M 中，v_M(a)=1；“ΔA”为假（且为单假），当且仅当，在所有对 *L* 为正确的解释 M 中 v_M(a)=0 或在所有对 *L* 为正确的解释 M 中 v_M(a)=n；否则的话，“ΔA”为不真不假（且既非单真亦非单假）。

借此定义，我们可以证明：

◆对于任何 M，如果 A 是 M 中的初阶含混语句，则 v_M（¬ΔA ∧ ¬Δ¬A）=1 且 v_M（ΔΔA ∨ Δ¬ΔA）=1。

---

① Williamson, 2004, “Vagueness in reality”, in M. Loux and D. Zimmerman, eds., *The Oxford Handbook of Metaphysics*, Oxford: Oxford University Press, 2003, pp. 690 – 715. 其中说得有点晦涩，但我猜想，他真正想说的是：“¬ΔP ∧ ¬Δ¬P”和“ΔΔP ∨ Δ¬ΔP”或许都能够正确地断说所有的一阶模糊语句，但只有“¬ΔP ∧ ¬Δ¬P”才能够正确地断说二阶模糊语句，而“ΔΔP ∨ Δ¬ΔP”则不能。我认为这个看法有一部分是错误的，我认为正确的看法应该是：不只是“ΔΔP ∨ Δ¬ΔP”，就算“¬ΔP ∧ ¬Δ¬P”也不能正确地断说二阶模糊语句；毕竟，二阶模糊语句是不能确定地断说“它确定为真（ΔP）”或“它不是确定为真（¬ΔP）”的语句，因而也不能确定地断说它是否为“¬ΔP ∧ ¬Δ¬P”。

◆如果 A 是 L 中的初阶含混语句，则“$\neg\Delta A \wedge \neg\Delta\neg A$”与“$v_M(\Delta\Delta A \vee \Delta\neg\Delta A)$”皆为真。

◆对于任何 M，如果 A 是 M 中的高阶含混句，则 $v_M(\neg\Delta A \wedge \neg\Delta\neg A) = n$，而 $v_M(\Delta\Delta A \vee \Delta\neg\Delta A)$ 仍然可能为 n。

◆如果 A 是 L 中的高阶含混句，则“$\neg\Delta A \wedge \neg\Delta\neg A$”与“$\Delta\Delta A \vee \Delta\neg\Delta A$”既不为真也不为假（且既非单真亦非单假）。

这样的定义与结果完全符合 Williamson 对该算子的要求，并因此避免了他对于三值语义解悖方案的批评。其实，在三值语义多元主义的框架下，你可以定义出更多的确定性与不确定性算子，如“确定为不真不假”“确定为↑高阶模糊句”“确定为↓高阶模糊句”等，并且可以用这些算子去定义更复杂的算子。在每一种定义的算子中，你不只可以看出当用它们来断说各种语句（初阶模糊句/高阶模糊语句）时的真假，还可以更细致地看出与之有关的公理。（但我将不会在此说明这些定义与用途，我把这件事留作将来进一步讨论的内容。）

最后，一个对三值语义解悖方案常见的批评是：该方案忽略了 Fine（1975）中所谓的“半影连结”（penumbral connection）现象，亦即，尽管简单的边界语句并无真假可言，但逻辑关联仍然可能存在于这些简单的边界语句之间，以至于当你使用一些常见的逻辑算子去连接这些简单语句时，你会形成具有真假可言的复杂语句，如以下这些在直觉上似乎为真的语句所显示的。在以下的例子中，请想象自己正在检视一条逐渐但非常缓慢地从红（最左边）转到黄（最右边）的色带，例子中的 a 可以是其上的任意一个颜色点，甚至可以是红色或黄色的边界上的点。Fine 的直觉是，以下的语句似乎对于该色带上的任何一点来说都为真：

a 或者是红色的或者不是红色的（$Ra \vee \neg Ra$）。

a 不会是既是红色的又不是红色的（$\neg(Ra \wedge \neg Ra)$）。

如果 a 是红色的则 a 是红色的。

如果 a 是红色的则 a 是红色或绿色的。

Fine 认为，由于三值语义论中的算子都是真值函数式的算子，因而三值语义论无法说明上述这些复杂语句何以在直觉上为真的“半影连结”现象。而我们在前一节中也看到过，在三值语义多元主义的框架下，逻辑算子不仅是真值函数式的算子也都是单真值函数式的算子，因而三值语义多元主义似乎也无法避免 Fine（1975）中的批评。

但 Fine 的“直觉”都是正确的吗？Smith（2008）报告说，当他以想象中的色带在班上对学生进行实验时，并且当他指的点是一个边界的例子时，学生给出的反应通常如下：

“这个点是红色的吗？”——呃，有点。

“这个点是黄色的吗？”——呃，有点。

“但这当然不会既是红色的又是黄色的，对吧？”——呃，不，它既有点红又有点黄。

“好吧，它当然是红色的或黄色的，对吧？”——不，我刚说它既有点红又有点黄，这两个颜色混在一起了。

我的经验告诉我，Smith 的“实验”是可信的，其实验揭示了：并非所有人在直觉上都认为“$Ra \vee \neg Ra$”和“$\neg(Ra \wedge \neg Ra)$”为真；许多人对这两个语句的迟疑显示：当“Ra”是个边界语句时，这两个语句很可能也只是不真不假的。但 Smith 的“实验”并未揭示 Fine 的直觉完全错误，因为其“实验”并没能揭示“如果 Ra 则 Ra”和“如果 Ra 则（$Ra \vee Ga$）”也都不为真。而我的经验告诉我：当“Ra”是个边界语句时，大多数人仍然认为“如果 Ra 则 Ra”和“如果 Ra 则（$Ra \vee Ga$）”这两个语句是可断说的，甚至为真。但注意，最后这两个在直觉上为真的语句都是日常语言中让哲学家十分头痛的“指示条件句”（indicative conditionals）。

因而，我认为，我们应该获得的教训如下。Fine 的“半影连结”最多只显示出：“如果……则……”这个日常语言中的指示条件句算子不应该被当作真值函数式的算子或超真值函数式的算子。但这并不表示我在第二节中所提出的 L 的三值语义论是错误的；该现象最多只表示出：L 当中并没有适当表示日常语言条件句的语句，特别是，“$\neg A \vee B$”和“$\neg(A \wedge \neg B)$”并没能正确反映出日常语言中指示条件句“若 A 则 B”的意义。因而，如果我们要适当反映日常语言中的指示条件句，那么，我们就得扩充我们的语言 L，引入能够适当表达了日常指示条件句的算子。

真值函数的语言（如 L）无法表达日常指示条件句这个想法是当代许多哲

学家共同的看法，而这样的看法也在过去 50 年间产生了多种有关指示条件句的语义理论。根据其中一种流行的看法，我们应该把“如果 A 则 B”这样的指示条件句理解为是在断说：每一个最接近现实世界@且 A 在其中为真的世界 w，也都是 B 在其中为真的世界。[①] 根据这个想法，我们可以将一个包含指示条件算子“A > B”的模糊语言的模型 M 定义为一个五元组 $< W_M, D_M, f_M, VI_M, v_M >$，其中 W_M 是一组非空的可能世界集，而 f_M 是一个从可能世界和一个语句（或一个命题）到可能世界集合并满足一定条件的函数。根据另一种最近出现的看法，我们则应该把“如果 A 则 B”这样的指示条件句理解为是在断说：B 在从 A 去外推（extrapolate）现实模型而得的某一些（在某种排序上最小的）子模型（submodel）当中的每一个都为真。[②] 根据这个想法，我们可以将一个包含指示条件算子“A > B”的模糊语言的模型 M 定义为一个复杂的四元因果模型 $< U_M, V_M, F_M, v_M >$ 加上一个决定外推模型的排序函数，但我将不在这里说明第二个想法的细节。

上述两种[③]有关于日常语言指示条件句的语义论都是经典的语义论，而非三值的语义论。但如果我们适当地扩充这两种语义论使之成为一种三值语义论，我们其实不难让“如果 Ra 则 Ra”和“如果 Ra 则（Ra ∨ Ga）”都成为必然为真的语句。因而，将条件算子“A > B”加入我们的语言并采取上述这两种方法中的任意一种（但稍加扩充）都能够忠实反映出 Fine 所谓的“半影连结”现象。但更简单的事情是，三值语义多元主义者还可主张把“A > B”这样的指示条件句看作是在断说一件与集合 SL 中 A 为真的正确模型，亦即，与 SLA^+ 有关的宣称：“A > B”在 M 中为真，当且仅当，$SLA^+ \subseteq SLB^+$；“A > B”在 M 中为假，当且仅当，$SLA^+ \neq \emptyset$ 且 $SLA^+ \subseteq SLB^-$；否则的话，“A > B”在 M 中就既不真也不假。重要的事情是：不论我们采取上述三种语义论中的何种处理方式，我们都可以证明：“A > A”和“A > (A ∨ B)”都是单真甚至是恒真。如此一来，也就有了我们想要的半影连结。

---

① Stalnaker, R., 1968, “A Theory of Conditionals”, in Nicholas Rescher (ed.), *Studies in Logical Theory*, Oxford: Blackwell, pp. 98 – 112.

② Deng, D – M and K – Y Lee, 2022, “Indicative and Counterfactual Conditionals: A Causal-Modeling Semantics”, *Synthese* 199 (1 – 2), pp. 3993 – 4014.

③ 另一种常见的做法是把日常的指示条件句当作相干逻辑中的条件算子，但我不在此说明这个想法。

[基金项目：国家社科基金重大项目“广义逻辑悖论的历史发展、理论前沿与跨学科应用研究”（编号：18ZDA031）；山东大学“分析哲学视域下的元哲学重大前沿问题研究”（编号：11090082235324）]

（本文编辑：郭佳宏）

The Three-Valued Semantic Pluralist Solution to the *Sorites* Paradox: The Fist Step to Its Philosophical Explanation and Formalization

WANG Wen-fang

Abstract: To many philosophers, a three-valued solution to the *sorites* paradox is not as plausible as any other solution to that paradox. The author, however, combines a three-valued semantic with a certain kind of plurivaluatioinism and defend a new solution to the aged old paradox; the author calls the new solution "the three-valued semantic pluralism". According to the three-valued semantic pluralism, any correct interpretation of a vague language must be a three-valued one but there can be more than one such interpretations. The author gives the philosophical rationale behind such a combination and gives the first step of its formalization. The author also argues for the merits of this new solution and defends that it can give plausible responses to criticisms that are often heard about a standard three-valued solution to the *sorites* pardox, including the problem of allowing gradual transition from truth to falsity, the problem of allowing higher-order vagueness and the problem of allowing penumbral connection between borderline sentences.

Keywords: The Sorites Paradox; Three-valued Semantics; Plurivaluationism; Higher-order Vagueness; Penumbral Connection

溯因推理合理性的心智主义辩护

孙　健[1]　金　立[2]

（1. 西北农林科技大学马克思主义学院；2. 浙江大学哲学学院）

摘　要： 溯因推理难以通过三段论或肯定后件谬误加以刻画。溯因推理的结论是超出前提信息的猜想，因而溯因推理具有创新功能。溯因推理的过程常常被看成本能或直觉式的猜想，因此被斥为缺少理性色彩。但从广义上看，本能是先天设定的算法，它对主体的生存有重要价值；直觉在得到元认知的关照后可以得到理性分析，猜想可以解释理论，还可为下一步的认知提供支撑。本文认为，溯因推理是一种为观察到的现象提供解释的认知过程，可被看作一个动态的认知格式塔；溯因推理始于由心理预期和心理表征之间的裂痕所引发的惊异体验，来自溯因推理的解释的心理功能是弥合裂痕并消除惊异，实践功能为主体如何采取下一步认识或实践活动提供建议。

关键词： 溯因推理；直觉；猜想；心智主义

溯因推理（abduction）是为现象提供解释或为结果寻找原因的认知过程。皮尔斯（C. S. Pierce）认为溯因推理是与演绎推理和归纳推理并列的第三种推理，也是唯一能够产生新观念的推理。溯因推理难以得到形式刻画，但这并不是将其逐出逻辑学领域的理由。本文将对其中若干被认为缺乏合理性的因素展开辩护，并从心智主义视角界定溯因推理。本文具体包括以下三个部分：第一，溯因推理是一种建立在解释—被解释关系之上的推理，具有语境依赖性①，因此难以还原为三段论推理或肯定后件谬误；第二，溯因推理具有创造性、直觉性和猜测性，但三者的理性色彩均可得到辩护；第三，从心智主义视角审视，溯因推理的认知内涵可以得到清晰刻画。

一 溯因推理的形式化困难

溯因推理建立在解释与被解释关系之上，但目前对它的形式刻画难以体现这一关系。对溯因推理的形式刻画主要有两个进路：其一是将溯因推理等同于颠倒的芭芭拉式演绎推理三段论，其二是将其视为肯定后件谬误。这两个进路都存在问题，下面将对此做详细分析与论证。

首先溯因推理并非颠倒的芭芭拉式演绎推理三段论。1865 年之前，皮尔斯将溯因推理称作假设推理（hypothesis reasoning），并称假设推理的灵感源于亚里士多德在《前分析篇》中提到的 apagoge。Apagoge（希腊语表示为ἀπαγωγή）是一种特殊形式的三段论。词根“goge”意为“引导”，前缀“apa”意为“向外”，作为整体的 apagoge 意为“向外引导”。皮尔斯早年之所以认为溯因推理是倒序的芭芭拉式三段论，主要基于以下理由。

理由一：Apagoge 的构词方式与 epagoge 类似，后者意为“向上引导”，类似于今天的归纳推理。皮尔斯认为，既然 epagoge 是将芭芭拉式演绎推理的大前提和结论命题调换位置之后得到的推理形式，那么 apagoge 理所当然就是把芭芭拉式演绎推理的小前提和结论命题调换之后得到的推理形式。于是，将芭芭拉式三段论中的三个命题分别作为结论，就能得到演绎推理、归纳推理和假设推理三种形式①：

命题 1：（大前提）袋子里的豆子都是白色的。
命题 2：（小前提）桌上的豆子都来自袋子。
命题 3：（结论）桌上的豆子是白色的。

以命题 1 和命题 2 为前提，以命题 3 为结论，构造出的是演绎推理，此时，前提若为真，结论必然为真；若以命题 2 和命题 3 为前提，以命题 1 为结论，构造出的是归纳推理，此时，前提若为真，则结论很可能为真；相应地，若以命题 1 和命题 3 为前提，以命题 2 为结论，构造出的便是假设推理，这种情况下，

① Peirce C. S. *Collected papers of Charles Sanders Peirce*, Vol. 1 – 6; edited by Charles Hartshorne and Paul Weiss, Cambridge, Massachusetts, 1931 – 1935, Vol. 7 – 8; edited by Authur Burks, Cambridge, Massachusetts, New York: Harvard University Press, 1931 – 1958, Chapter 7, Paragraph 249.

前提若为真，则结论与经验相吻合，看起来为真。

理由二：亚里士多德是在论证“美德可教”时首次提出 apagoge 这一术语。根据定义，一切可以教授的观念都是知识，所以“知识可教”显然为真。但在古希腊时期，就美德是否可教却长期存在争论。亚里士多德认为，要想证明“美德可教”，必须首先假定“美德就是知识”。如果假定“美德就是知识”，那么，以“知识可教”和“美德就是知识”为前提，我们就能演绎出“美德可教”：

知识可教；
美德是知识；
因此，美德可教。

这是一个典型的演绎推理，但皮尔斯认为它在认知方向上与演绎推理相反①②：为证明“美德可教”，主体需首先提出一个假设性命题，即“美德是知识”，只要美德是知识，那么，美德必然可教。此处“美德是知识”只是一个假设，它永远无法得到经验的证明，但我们却很容易根据经验来确定美德是否可教。在思维实践中，我们只能首先通过经验来证实“美德可教”，继而才能将“美德可教”的真实性传递到“美德是知识”当中。换言之，只有首先提升“美德可教”的真实性，才能进而提高“美德是知识”的真实性。因此，皮尔斯认为应当将“美德是知识”和“美德可教”互换位置，才能得出更加符合认知习惯的推理形式：

知识可教；
美德可教；
所以，美德（很可能）是知识。

皮尔斯认为，调整顺序后的推理形式才能反映亚里士多德的真实看法，而调整顺序之后的推理形式和他自己早年所提出的溯因推理的推理形式完全相同。

---

① Anderson, D. R., “The Evolution of Peirce's Concept of Abduction”, *Transactions of the Charles S Peirce Society*, 1986, 22 (2).

② Phillips, J., “Aristotle's abduction: the institution of frontiers”, *Oxford Literary Review*, 1992, 15 (1).

因此，皮尔斯认为 apagoge 就是溯因推理的哲学源头。

然而，这样的做法是对亚里士多德的曲解，也是对 apagoge 内涵的歪曲①。亚里士多德认为，只存在演绎和归纳两种论证形式，前提对结论具有决定性的论证叫作演绎，不具有决定性的叫作归纳。他从来没有明示或暗示过 apagoge 中的小前提与结论可以对调或应该对调。事实上，apagoge 只是一种特殊的演绎推理，其特殊性仅表现在 apagoge 的小前提是虚拟的（subjunctive）而不是直陈的（indicative）。换句话说，在推理发生的时候，小前提是一个有根据的猜测（educated guess）或是一个聪明的猜想（smart assumption），虽然它暂时尚未得到证实，但它在 apagoge 当中是作为前提而不是结论出现的。人们之所以要做出这样的猜想，是因为它比我们想要求证的命题更加简单，或者它的主谓词之间的意义比我们想要求证的命题的主谓词之间的意义的距离更近。例如，“美德”和“知识”在语义空间中的距离要比“美德”和“可教（的事物）”更近，所以，apagoge 其实是在一定程度上把我们的认知任务降低到了一个相对简单的水平。

此外，在康德、杜威、洛克、孔德等人的影响下，皮尔斯在 19 世纪 70 年代开始逐步冲破三段论形式的束缚，重视溯因推理在语义层面和语用层面的价值②。早在 1878 年，皮尔斯把逻辑学定义为“方法的方法（method of methods）”，这表明皮尔斯对逻辑学的看法已经脱离了三段论的束缚。1902 年，皮尔斯明确表示，如果自己继续囿于三段论逻辑的束缚，就将永远无法把溯因推理和归纳推理真正区别开来。

皮尔斯曾于 1878 年明确表示解释中必须包括至少一个一般性规则，梅耶尔（M. Meyer）因此认为，规则是解释的一部分，而不是被解释的现象的一部分③，将皮尔斯于 1903 描述的溯因推理形式视为肯定后件谬误的做法很可能是对其原著的误读。雷德（D. Reid）声称，皮尔斯 1903 年在“实用主义讲座”（lectures on Pragmatism）中的描述是皮尔斯对溯因推理的唯一一次明确的逻辑形式的刻画，该形式应当是这样的：

---

① Flórez, R.,“Peirce's Theory of the Origin of Abduction in Aristotle”, *Transactions of the Charles S. Peirce Society: A Quarterly Journal in American Philosophy*, 2014, 50 (2).

② Kent, B., Watson, W., *Charles S. Peirce: Logic and the Classification of the Sciences*, McGill-Queen's University Press, 1987, pp. 447－448.

③ Meyer, M.,“Abduction—A logical view for investigating and initiating processes of discovering mathematical coherences”, *Educational Studies in Mathematics*, 2010, 74 (2).

The surprising fact, C, is observed;

But if A were true, C would be a matter of course,

Hence, there is reason to suspect that A is true. (1903, CP 5.189)

以上引文出自皮尔斯文集的原始版本。让我们特别关注以下两个细节：第一，最后一句命题的引导词是“hence”而不是“therefore”。在英文中，“hence”原本的意思是“from here”，表示“from this place away”，而“therefore”表示“for the reason”或“because of”。可见，hence 表达的是思维的自然延展，但 therefore 表达的却是建立在因果关系上的推论。第二，第一句后面标点是分号，而第二句则是逗号[①]。可见，皮尔斯的本意应当是以观察到的事实为前提，以条件命题和解释为共同结论的。范恩（K. T. Fann）1970 年在引述这段文字的时候，在第 43 页和第 52 页仅把第二句末尾的逗号改为分号，在第 8 页把第二句末尾的逗号改为分号的同时还把第一句改为逗号[②]。范恩在转引时似乎没有注意到标点符号的意义，因此，人们一般认为，以“hence”为分界点，在它之前的两个命题是前提，之后的一个是结论，如此则构成了一个假言三段论的推理形式。

假言三段论（hypothetical syllogism）都可以改写为直言三段论（categorical syllogism）。例如，以 E 和“如果 E 那么 F”为前提推出 F 的过程也可以被改写成以“x 是 E”和“所有 E 是 F”为前提推出“x 是 F”的过程。例如：

如果火星上有过液态水，那么一定会有这些痕迹；

火星上有过液态水；

所以，火星上有这些痕迹。

也可以表述为：

有过液态水的星球都是有水流痕迹的星球；

火星是有液态水的星球；

---

① Reid, D., “Abductive Reasoning in Mathematics Education: Approaches to and Theorizations of a Complex Idea”, *Eurasia Journal of Mathematics, Science and Technology Education*, 2018, 14 (9).

② Fann, K. T., *Peirce's Theory of Abduction*, The Hague: Martinus Nijhoff, 1970, p. 8.

所以，火星是有水流痕迹的星球。

如果我们把皮尔斯1903年提供的溯因推理模式当作肯定后件式谬误，那么，该模式相对于皮尔斯早年提供的三段论模式而言就没有任何发展或超越。这样的话，皮尔斯用它来取代早年提供的直言三段论形式就没有任何意义了。更何况，法兰克福（H. G. Frankfurt）和尼尼鲁托（I. Niiniluoto）不约而同地指出该模式在逻辑意义上是无效的，因为它和肯定后件式谬误的逻辑形式完全相同[①]。然而，皮尔斯提供这样的溯因推理模式显然不是为了彰显它在形式上的荒谬性。因此，肯定后件式谬误根本不能彰显溯因推理的真正意涵。

皮尔斯强调溯因推理是唯一产生新观念的逻辑操作[②]，但肯定后件谬误不能体现这一特征。对此，法兰克福早在1958年就已经提出过类似观点[③]。在肯定后件谬误中，结论命题“E”中的语义信息已经完全包含在前提命题“若E则F”当中，这意味着E所代表的语义观念在推理开始之前就已经存在于前提之中了，所以，就算它是新的，也绝不是经由肯定后件式谬误得来的[④]。事实上，肯定后件谬误不仅无法生成新观念，就连提高一个已有观念的可信度也是不可能的。令推理之前A为真的概率为P(a)，推理之后A为真的概率为P（A | C）。由前提中的简单命题“C”可知P（C）=1，由条件命题“若A则C”可知P（C | A）等于1。根据贝叶斯定理，可以得到：

$$P(A \mid C)=\frac{P(C \mid A)\,P(a)}{P(C)}=\frac{P(C \mid A)}{P(C)}\cdot P(a)$$

由于P（C | A）=P（C）=1，所以P（A | C）=P(a)。这说明A的概率在肯定后件式推理之前和之后都是相等的，其可信度毫无增加。

法兰克福是将1903年的溯因推理模式与肯定后件式谬误等同起来，然后通过否定后者进而达到否定前者的目的。我们认同法兰克福对肯定后件式谬误的诘难，但由于我们认为不能把溯因推理简化为肯定后件式谬误，所以，法兰克

① Niiniluoto, I., “Defending Abduction”, *Philosophy of Science 66 Supplement*, 1999, September, pp. 436 - 451.

② 刘剑凌、蔡曙山：《溯因推理，创造性与科学发现》，《学术界》2014年第11期。

③ Frankfurt, H. G., “Peirce's Notion of Abduction”, *The Journal of Philosophy*, 1958, 55 (14).

④ Frankfurt, H. G., “Peirce's Notion of Abduction”, *The Journal of Philosophy*, 1958, 55 (14).

福的质疑并不能伤害溯因推理，充其量也只是一种稻草人谬误。由于溯因推理是具有创新性的推理形式，但肯定后件式完全没有同样的属性，所以，法兰克福的论证实际上更加清晰地说明了溯因推理与肯定后件式谬误完全不同。

此外，在肯定后件式谬误中，条件命题“如果A那么C”表达的是A蕴含B；但在溯因推理中，“如果E，那么F是理所当然的”表达的是E解释F。前者是形式逻辑层面的，后者是语义理解层面的，二者截然不同。首先，E蕴含F并不意味E可以解释F。如在“若A则A”中，前者蕴含了后者，但不能解释后者；又如“若1等于2，则B”中，前件是假命题，它可以蕴含任何命题，但显然无法提供任何解释。

广义上讲，解释是一种促进理解的认知活动。从认知层面来讲，如果个体仅凭原有知识无法同化（assimilation）F，但在E的帮助下却可以同化F，我们就说E为F提供了解释，这是解释的语义功能。解释是主观的，目的是促进理解，缓和个体的认知失调，这是解释的语用功能。狭义的解释特指科学解释。在科研领域，如果科学家仅凭原有的科学理论无法同化F，那么，他们就可能需要根据不同的情况，重新观察现象或修改原有理论。如果原来的理论已经成功经受了大量检验，那么，对它的修改就必须非常谨慎，因为一旦修改了它，则曾经被它有效解释了的现象就会重新堕入不可理解的领域。所以，科学家通常是在原有理论的指引下展开有目的观察，以发现遗漏或错误之处，从而既保留了理论又获得了新发现。

事实上，要为任何观察到的现象提供解释，我们都必须同时给出一个一般性规则和一个具体事实。例如，要解释“苹果落地”，我们需要同时提出“如果地球有引力，那么苹果会落下”这样的一般规则和“地球有引力”这个事实。规则揭示了解释和现象之间的因果联系。如果没有解释，规则就是完全抽象，如果没有规则，事件与事件之间就没有任何关联。在实际表述中，人们可能会将规则或事实略去，但这并不意味着没有规则或没有事件。例如，科学家其实是以“氢原子是最小微粒”来解释“氢原子不可再分”，看似以事实做解释，但其背后却暗含着“最小微粒不可再分”的规则。又如，开普勒以万有引力定律来解释天王星运行规则，看似是以规律做解释，实际上是省略了对天王星遵循万有引力定律这一具体事实的表述。

我们可以把溯因推理中必须用到的一般性规则看作一个函项 $y = F(x)$。其中，F表达了观察到的事实与解释项之间的条件关系，根据这层关系，我们可以将已经观察到的数据值代入 x，然后通过函项计算出 y 值。随后，我们可以将自己根据函项 F 的预测值 y_1和实际的观测值 y_2进行比照。如果两者一致，则推理者的经验系统稳定，否则推理者的经验系统将陷入混乱。皮尔斯作为实用主义哲学的创始人，强调经验的本体性地位，所以，推理者需要将这种混乱的状态重新转化成为一个稳定的信念（settled belief），该过程其实就是把混乱经验统整为和谐经验系统的过程。有三条统整路径可供选择：第一，修正观察到的数据 x；第二，修正函项 F；第三，修正观察到的数据 y。在第一条和第三条路径中，我们的知觉判断有可能出现扭曲或遗漏，因此有必要对它进行进一步检视；在第二条路径中，固有信念本质上不过是经验习惯而已，这种概括化了的信念是工具性的，其功能在于对未来做出预测并指引行动。如果信念可以得到检视与合理修正，一个原本混乱的状态也有可能得到统整。下面，让我们通过一个例子来说明。

科学家根据开普勒定律和已经观测到的天体数据预测到了天王星的精确运行轨迹。但他们实际观测到的轨迹却与预测值不符。在这里，开普勒定律可被看作函项 F，自变量 x 为相关天体的运行数据，因变量 y 是天王星的运行轨迹。我们将观测到的 x 值代入 F 后可以计算出 y 的预测值 y_1，通过进一步观测，我们也可以获得其观测值 y_2，经验的混乱表现为 y_1与 y_2的差异。于是，科学家需要对以下三个方面分别做出检视：第一，重新观测 x；第二，修改开普勒定律；第三，重新观测 y。考虑到开普勒定律已经多次成功预测了其他星球的运行规则，又考虑到不同科学家在不同时刻观测到的 y 值都是一致的，所以，第二和第三方面暂不考虑。此时，科学家唯一需要重新仔细审视的就是第一方面。考虑到 x 是所有一切已经与 y 相关的数据的总和，所以，有理由怀疑我们可能曲解或遗漏了某些相关数据。在此思路的指引下，科学家猜想如果在天王星以外存在一个以某种特定方式运行的大型天体，则将该天体的运行数据和其他已知数据一并代入 x 后就能通过开普勒定律 F 计算出与观测值 y_2完全一致的结论。令已知相关数据为 x，在假设存在某未知天体的运行数据纳入考虑后的相关数据为 x_1，则有 $y_2 \neq F(x)$；但 $y_2 = F(x_1)$。后来，科学家在这一猜想的引领下有目的地进行观测，果然发现了这样的天体，即海王星。

二　溯因推理中的本能、直觉和猜想

1938 年，莱欣巴哈（H. Reichenbach）将探究活动分为发现语境和辩护语境，并表示发现语境中不存在逻辑[1]。类似地，波普尔（K. Popper）认为发现是神秘而难以捉摸的顿悟，是心理学而非逻辑学的话题[2]。此外，惠威尔（W. Whewell）在1840年出版的《归纳科学的哲学》一书中将科学探究分为三个步骤：新想法的迸发、表达和检验。惠威尔表示，只有天才的头脑才配享受惊喜时刻，科学发现的艺术是不可教的[3]。从上述观点来看，在溯因推理的创新性与合理性之间存在一定的对立。但皮尔斯却表示溯因既是推理，又是科学发现唯一的逻辑手段（CP 5.106），这常为人们所诟病。我将对此做出简要回应，再从契合皮尔斯符号学的广义理性主义出发为直觉和猜想提供辩护。

首先，发现语境和辩护语境的划分未必妥当。理由有二：一方面，在莱欣巴哈之前，培根、牛顿和笛卡尔等人都将所谓“辩护”融合在发现的过程之中。培根在《新工具》一书中详细描述了我们应该如何用归纳手段获取富有证明力（probative force）的一般性知识。牛顿在《自然哲学的数学原理》中提出科学家应该从观察到的现象出发演绎出理论而非反之，因为只有如此才能确保理论（近似）为真。笛卡尔主张只有从毫无争议的先验前提中演绎得出的结论才算知识。另一方面，在莱欣巴哈之后新兴的建构主义对其语境划分展开了全面批判：库恩和费耶阿本德称，理论只是心理建构的产物，其功能不在揭示真理，而在帮助人们理解现象或解决问题[4]，这是彻底否认理论的可发现性。此外，即便在所谓的辩护语境当中也必然存在文化、情境或感性因素，诸如人们所处的时空环境，所采取的认知方式，所要实现的目标，它们都会影响人们对理论可信度及可接纳性的看法。

其次，演绎主义视角下的“合理性”过于狭隘，与皮尔斯的符号学观点相左。人类对“合理性”的认识是不断发展的。最早，只有演绎这一必然性的推理才被视为合理；随后，归纳、类比等或然性推理也被（部分）纳入合理性的范畴；后来，以表象或实物为认知载体的非言语活动亦具备合理性——可以说，

---

① Reichenbach, H., *Experience and Prediction: An Analysis of the Foundations and the Structure of Knowledge*. Chicago: University of Chicago Press, 1938, pp. 1 - 10.

② Schurz, G., Dorn, G., “Why Popper's basic statements are not falsifiable some paradoxes in Popper's Logic of scientific discovery”, *Journal for General Philosophy of Science*, 1988, 19 (1).

③ Whewell, W., *The Philosophy of the Inductive Sciences* (Vol. Ⅱ), London: Routledge/Thoemmes, 1996, p. 186.

④ Dilworth, G., “Kuhn, Feyerabend, and Incommensurability”, In *Scientific Progress: A Study Concerning the Nature of the Relation Between Successive Scientific Theories*, Berlin: Springer, Dordrecht, 1986, p. 65.

一切具备现实意义的认知活动在一定程度上均是合理的。该理性观与皮尔斯符号学及其关于“合理性”的讨论相容：皮尔斯眼中的“符号”包括感觉、表象、概念和其他心理表征形式，“推理”等同于符号操作。该理性观还与皮尔斯关于“合情性（plausibility）”的讨论相容：“合情性（或译似真性）”意思是“看起来正确或恰当”，它与真实性和可能性不同，合情性取决于观念与主体其他观念的匹配度，真实性取决于观念与客观现实的匹配度，可能性反映某事件真实发生的概率。皮尔斯认为溯因结论虽非必然但却合情，这是他对溯因推理的理性主义辩护。

人们常将溯因推理与本能、直觉或猜想相联系，因此有人以后者缺乏理性为由抨击前者的合理性。一般认为，本能（instinct）是先天固有的，直觉（intuition）是一种缺乏逻辑的感性的认识的能力，或无须推理即可获得知识或真理的能力[①]，猜想（speculation）是一个缺乏证据的不可靠的设想。在此背景下，我们将以皮尔斯广义符号学为指引，从理论和实证两方面对两者的合理性分别作出辩护。

首先讨论本能。本能的合理性表现为它有重要的生存价值。以人工智能为隐喻，一切生物本能都可看成算法，即由前提通往结论的推演程序。动物本能都可看作是先天植入的算法，繁衍本能最有利于种群存活，生存本能最有利于主体存活，若两者冲突则前者更居上风。随着环境的变化，拥有不利于生存之算法的主体会被淘汰，适应性较高的算法则被保存。如有研究发现红脚鹬以蠕虫为食，若蠕虫充足，红脚鹬就会挑肥拣瘦，否则就会饥不择食[②]。红脚鹬的行为符合利益最大化原则：在蠕虫充足时，挑肥拣瘦才能确保单次捕食获得最多营养，不足时，饥不择食可最大限度地避免挨饿。在马格兰尼（L. Magnani）看来，红脚鹬的本能表现与理性思维之间并无本质区别，只不过前者为有机体天然固有[③]。类似地，皮尔斯曾说小鸡天生就能快速识别出那些可食用的事物，这“虽然并非有意识（deliberate）的推理（reasoning），但也算是一种推演（inference）”（CP 5.181）——这是对本能之合理性的另一辩护。

---

① 孙保学：《直觉作为证据的理性与限度》，《自然辩证法通讯》2016 年第 5 期。

② Bermudez, A., “What is at stake in the debate about nonconceptual content?”, *Philosophical Perspectives*, 2007, 21 (1).

③ Magnani, L., “Is Instinct Rational? Are Animals Intelligent? An Abductive Account”, *Proceedings of the Annual Meeting of the Cognitive Science Society*, 2017, pp. 150 – 155.

其次讨论直觉。直觉虽然是自动的，但若对其展开反思性检验，也可展开为序列式的推理过程，因而具有合理性。我们认为，推理和直觉的区别在于前者受到元认知的监控但后者没有，元认知即反思认知，是主体对自身认知的认知。元认知能力可以习得，所以，直觉与推理之间也能相互转化：一方面，随着主体对某种推理日臻熟练，推理就会变成习惯。例如，新手警察只能通过分析证据来识别罪犯，资深警察却能直觉地识别罪犯。另一方面，若主体有意放慢直觉进程并加以反思，则习惯也会转变成推理。比如，抑郁症患者通过分析其不合理信念的来龙去脉，就会发现并纠正其中的逻辑错误，进而实现治疗目的。总之，直觉和推理的区别在于前者没有得到主体的有效觉察，但未被觉察并不能削弱认知活动的有效性或可靠性。

最后讨论猜想。阿钦斯坦（P. Achinstein）认为猜想就是在尚不具备充分证据的情况下提出的一个设想[①]，人们通常从以下三个方面来撼动猜想的理性价值：第一，猜想超出了人类认识的可及范围，只涉及“形而上学的奇幻世界”，缺乏现实意义；[②] 第二，只有可靠的科学理论才能指导社会实践，但猜想是不可靠的，因此没有指导实践的意义；第三，某些猜想可能限制视野，固化原有的错误偏见。

以上三点皆从狭义的知识观出发，该知识观强调知识的真理性，但如今人们更倾向于认为知识的价值取决于它是否有用而非是否真实。例如，2003 年，诺顿（J. D. Norton）以“实质归纳推理理论”取代传统的“纯粹归纳推理理论”[③]，后者认为归纳推理严格遵从贝叶斯法则，前者则认为归纳推理建基于特定现实，因而“一切归纳都是局部的”。即使在号称绝对中立的自然科学领域，人们在获取数据、设计研究、生成结果、存储资料时都会受到前提之外广阔信息的影响[④]。科学研究毕竟属于社会实践，必然受到学术团体的约束和时代主流范式的影响，研究结论的呈现方式亦难免考虑行文结构和修辞方式以增强说服力。在此基础之上，我们认为猜想虽然可错，却发挥着认知功能，这可为其合理性提供辩护：一是为现有理论提供诠释，二是为进一步的认识活动或实践活

---

① 梁贤华：《阿钦斯坦论科学猜想》，《自然辩证法研究》2021 年第 5 期。

② Richter, B., “Theory in Particle Physics: Theological Speculation versus Practical Knowledge”, *Physics Today*, 2006, 59(10).

③ Norton, J. D., “A material theory of induction”, *Philosophy of Science*, 2003, 70(4).

④ Brown, M. J., “Values in science beyond underdetermination and inductive risk”, *Philosophy of Science*, 2013, 80 (5).

动提供临时支架（scaffolding）。

第一，猜想可以诠释理论。牛顿认为，理论是对事物属性的系统化描述，是推理的结果；猜想则只涉及不可观察的事物，是想象的产物[①]。牛顿以光学为例详述了二者的区别："白光是复合光"是理论，因为可以观察到白光被三棱镜分解为七种颜色；但"光是粒子"是猜想，因为粒子不可观察。若理论和猜想不兼容，就需要调整后者以适应前者。猜想是超验的，它无法影响理论，却能促进对于理论的理解。譬如，无论猜想"光是粒子"或"光是波"，都不能左右"光的复合性"这一理论。但若猜想光是一种高速运动微小粒子，则更有助于理解白光的复合性及其他各种光学现象。

第二，猜想可为进一步的认识活动搭建临时支架。库里（A. Currie）认为对"猜想"的理解应是功能优先（function-first）而非证据优先（evidence-first），功能大小表现为认知生产力（productivity）的大小：其功能在于指引将来探究活动的方向或提供一个建构世界的全新视角[②]。凭借猜想，我们能建构理论，设计实验，整合知识，或完成叙事。我们可以通过下面两个例子来说明[③]。例一，研究发现在霸王龙灭绝同期，地表的大片森林变成草原。植被的改变意味着发生过气候变迁，因而我们有理由猜想气候变迁是霸王龙灭绝的原因（之一）以及霸王龙更难适应草原环境。猜想虽无实际资料支撑，却能引导科学家对霸王龙的生理结构及生态位等做出有针对性的探索。例二，研究发现，阿尔茨海默症发病初期的认知损伤总是伴有 β - 淀粉样蛋白的可溶性形式，科学家做出"后者可能是前者原因"的猜想，这一猜想将科学家的研究兴趣导向这种蛋白的生化性质。皮尔斯曾在私信中表示溯因乃是"从惊奇到探究"的推理，其结论不是陈述句，而是疑问句；其任务不是得出结论，而是形成可为未来实践提供指引的猜想[④]。总之，猜想虽然可错，却能催生更多的认知成果。从这个意义上讲，猜想是一种合理的认知活动，不安全性则是一个不得已的认知代价。

---

① Walsh, K. , "Newton's Scaffolding: The Instrumental Roles of His Optical Hypotheses", In Peter R. Anstey & Alberto Vanzo (eds.), *Experiment, Speculation and Religion in Early Modern Philosophy*, New York: Routledge, 2019, pp. 125 – 157.

② Currie, A. , "Science & Speculation", *Erkenntnis*, https://doi.org/10.1007/s10670-020-00370-w.

③ Malhotra, A. , Younesi, E. , Gurulingappa, H. , Hofmann-Apitius, M. , " 'Hypothesis Finder': A Strategy for the Detection of Speculative Statements in Scientific Text", *PLoS Computational Biology*, 2013, 9 (7), e1003117.

④ 李炟：《论皮尔士的溯因逻辑》，《逻辑学研究》2018 年第 4 期。

三 溯因推理的动态格式塔结构

在这一部分，我们选取心智主义视角，将溯因推理看作动态的格式塔结构，以深化对它的认识。心智主义（mentalism）与语言主义（lingualism）相对：后者认为语言是推理能力的基础，前者则将推理扩展至包括语言在内的一切形式的表征操作。心智主义不同于唯心主义，后者否认物质世界的存在，而前者将本体论问题悬置，只将讨论限定在人类的经验当中。本文选取该角度的原因有二：其一是心智主义更能反映皮尔斯后期的逻辑观点。皮尔斯将溯因推理改称回溯推理，随后在一份当时未发表的手稿中对其做出如下描述："当我们面临一个难以理解的情况的时候，可以通过回溯推理设想一个可能存在的事物。这个猜测出来的事物有可能完全无法知觉，但我们依然有理由相信它的存在，因为是它给我们洒下了理性之光，让理解这些难题成为可能。"①② 其二是皮尔斯深受康德的影响，而康德的"物自体"概念恰与心智主义认识论一致。康德认为人类有三种先验认识能力，即感性、知性和理性。其中，知性指的是人类的先验综合能力，人类正是凭借知性才将杂多的经验合成具有普遍关联性的经验知识，这种综合且整体性的经验叫作"统觉"。康德认为经验不会凭空而来，所以必须假定在人类经验之外存在着作为经验之源泉的"物自体"。人类经验到的物质属性（如因果关系、范畴、模态等）并非物自体所固有，它是主体将知性中的统觉经验投射于物自体的结果。康德将物自体排除在经验可及的范围之外，是为了给信仰留出位置，而将所有知识都限制在感官世界之内，则为知识的科学性提供了保障。容易看到，这些观点与心智主义是彼此吻合的。

接下来我们将首先论证溯因推理是一个动态的认知格式塔，再由"观察惊

---

① 原文如下：By Retroduction I mean that kind of reasoning by which, upon finding ourselves confronted by a state of things that, taken by itself, seems almost or quite incomprehensible, or extremely complicated if not very irregular, or at least surprising, we are led to suppose that perhaps there is, in fact, another definite state of things, because, though we do not perceive any unequivocal evidence of it, nor even of a part of it (or independently of such evidence if it does exist), we yet perceive that this supposed state of things would shed a light of reason upon the state of facts with which we are confronted, rendering it comprehensible, likely (if not certain), or comparatively simple and natural. (MS 856, 3 -4, April 1911)

② Robin, R. S., *Annotated Catalogue of the Papers of Charles S. Peirce*, Worcester: University of Massachusetts Press, 1967, pp. 3 -4.

异事实”“提出解释”以及“判定解释合理性”三个方面逐次界定溯因推理的认知内涵。

首先，溯因推理是一个具有时序性的动态格式塔。“格式塔”是德文“Gestalt”的音译，大意为完形、模式或形式。科勒（I. Kohler）等人在康德哲学的启发下创立了格式塔心理学，该流派强调“关系”在认知活动中的基础性作用，换言之，即强调人类知觉对刺激间的时空关系的整体反映。例如，当一幅画被整体放大之后，画中任一笔画都与原画中的尺寸不同，但我们依然会将这幅放大的画看作是与原画相同的，原因在于笔画与笔画之间的比例关系并无改变，即画作的格式塔结构没有发生改变。格式塔可以分为动态和静态两种，前者如一首乐曲，后者如一幅绘画，区别在于前者比后者多一项时间维度。格式塔由要素及其结构组成，结构特征是其本质特征。例如，音符间的音高和时值关系便是乐曲的结构特征，一首乐曲的整体音高以相同幅度提升（下降）抑或整体速度以相同比率加快（或减慢），都不会改变乐曲样貌。溯因推理作为替观察到的现象提供解释的认知过程，可被看成一个由以下三步组成的动态的格式塔结构：

第一步：主体观察到了 F；
第二步：考虑“如果 E 那么 F”；
第三步：E 可能是真的。

动态格式塔兼具空间和时间属性。作为动态格式塔，溯因推理的认知顺序不能颠倒，否则性质将被彻底改变。例如，若将第一步和第二步交换之后，可以得到这样的认知序列：第一步是考虑“如果 E 那么 F”，第二步是“主体观察到了 F”，第三步是“E 可能是真的”。如此一来，主体会在条件句“如果 E 那么 F”的驱动之下，在现实中选择性地寻找 F，再以之增强 E 的正确性。这不是溯因推理，而是确证偏见（confirmation bias）[①]。确证偏见会令主体的固有观点更加固执或极端。例如，若已然认定“小明外向”（用条件命题表示为：“如果 x 是小明，那么 x 是外向的”），主体就更倾向于关注小明身上具有外向特征的行

① Schumm, W. R., “Confirmation bias and methodology in social science: an editorial”, *Marriage & Family Review*, 2021, 57 (4).

为表现，而这将固化“小明外向”的信念。溯因推理当然不同于确证偏见，因此，有理由认为时间序列关系是溯因推理的本质属性，将溯因推理描述为动态格式塔才能标识这一属性。

接下来，我们将分两部分来解析心智主义视角下的溯因推理：其一，溯因推理解释的不是事实，而是现象。换言之，其被解释项不是客观实在，而是主体对客体形成的主观表征；其二，惊异感是溯因推理的启动器，它源于新经验与主体原有经验之间的裂痕。人们开展溯因推理的目的是形成一个足以修补经验裂痕的解释。

第一，溯因推理的被解释项不是事实，而是对事实的主观表征。“事实”是客观的，“表征”则是主观的。表征在心智结构中指代事实，但并不等于事实。相较于事实，表征是片面甚或扭曲虚幻的。表征近似于皮尔斯符号学中的符释。皮尔斯认为符号由符形（representamen）、符释（interpretant）和对象（object）三部分构成：符形即符号本身，其指代物为对象，符释是符号在主体头脑中所形成的表征，于是，溯因推理是为符释而非符形提供解释的。不同符形可以关联同一个对象，同一对象可在心中激活不同符释。例如，“晨星”和“昏星”均指向同一天体，带来的却是截然不同的心理体验。

一个符形指称一个对象，却往往只能激活与之相关的局部表征。例如，当我们望向一座山峦时，只能是“横看成岭侧成峰”，不可能一次性地对山峦形成全方位表征。在表征的过程当中，我们难免要借助过去经验，将自己未见的或不可见的部分以猜想的方式在头脑中构建起来。例如，我们只看到月亮的外表，却可能将其构想成一个实心的天体。然而，月亮的表面之下并不可见，之所以认定它是实心而非空心，是受到我们关于天体常识的影响。在溯因当中，我们解释的是表征而非实体，如我们表征到了事物的颜色，要解释的就是为什么是这种（而非那种）的颜色，但若表征到的是事物的形状，则要解释为什么呈这样（而非那样）的形状。表征不同，解释自将大不相同。如此一来，解释项与被解释项均被纳入了主观范畴，消弭了主客观之间的鸿沟，这是心智主义视角的一项理论优势。

另外，表征未必是对事实的如实反映，有时会出现扭曲或虚构，即幻觉。只有将表征作为被解释项才能做出对幻觉的合理解释。这是因为，如果将对象（即客观事实）作为被解释项，就表示我们已经默认了表征是对客观事实的真实反映，然而这样的默认不适用于幻觉；但若将表征作为被解释项，当事人就可以用“幻觉体验只是对现实的歪曲表征”来解释某些奇特经验。例如，若精神分裂症患者能意识到自身体验其实只是生理病变所引发的幻觉，就能在不消除幻觉的情况下免受其误导。这是心智主义视角的另一项理论优势。

第二，惊异体验是溯因推理的启动器，它的出现源于新旧经验之间的裂痕。惊异体验是一种疑问心境（interrogative mood），“除非真的产生疑问，否则探究活动就不会开始”（CP 6.474）。主体会基于旧经验对将来做出预期，一旦预期与新表征不一致，就会感到惊讶、怀疑或不确定（CP 8.270）。主体的过往经验越协调，预测就越坚定：令主体的未来预测为 E，过往经验的总和为 $\sum V$，则 E 和 $\sum V$ 成正比。若新表征为 F，则 E 与 F 之间的差距与主体的惊异体验呈正比。也就是说，E 与 F 的落差越大，主体的惊异体验越大，若 E 与 F 完全一致，则意味着主体对未来的预测与所见到的事实相符合，便不会产生任何惊异体验。令特定背景 B 下，若事件发生，则 $F=1$，若不发生则 $F=-1$；类似地，若主体预测此事发生，则 $E=1$，若不做预测，则 $E=0$，若预测此事不发生，则 $E=-1$。令惊异的体验为 S，则有 S 与 $F-E$ 成正比。根据上述公式，在背景 B 下，若 F 为 1 且 E 为 1，则主体预测事件发生且它的确发生，此时 S 为 0，即无惊异体验，主体也不会开展溯因推理；若 $F=1$ 且 $E=0$，则主体未做预测，但事件发生，此时 $F-E=1$，产生惊异体验，主体开展溯因推理；若 F 为 1 且 E 为 -1，则事件发生但主体预测它不会发生，此时 $F-E=2$，主体产生较大的惊异体验，更加开展溯因推理。

主体观察到的令人惊异的现象属于直观经验，经溯因推理得到的解释则是一个反思性经验。若一个解释被纳入原有经验后能够产生与惊异体验相同的预测，就意味着裂痕消失，惊异体验不再惊异。令原有经验为 $\sum V$，经溯因推理得到的解释为 E，新经验为 F，则 $\sum V \nvdash F$，但 $\sum V \cup E \vdash F$。例如，某人预测早晨地上是干的，但若看见地上变湿，便说明出现了裂痕。此时，主体提出“一夜秋雨”作为解释，将其整合进原有经验之后，“地上变湿”的现象便不再惊异。诚然，一个能够消弭经验裂痕的溯因解释未必为真，但溯因推理本就不求结论为真，它的认知使命仅在提供一个对产自溯因推理的解释做进一步验证的建议[①]。综上，我们将溯因推理的认知格式塔描述为以下形式：

① Mckaughan, D. J., “From Ugly Duckling to Swan: C. S. Peirce, Abduction, and the Pursuit of Scientific Theories”, *Transactions of the Charles S. Peirce Society: A Quarterly Journal in American Philosophy*, 2008, 44 (3).

主体基于原有经验形成预测 A；
获得一个全新的经验 B；
A 与 B 不同，主体产生惊异的体验；
主体对 A、B 及其矛盾展开反思，并收获反思性的解释 C；
若 C 为真，则矛盾消除；
因此，有必要对解释 C 进行验证。

若再将后续的演绎和归纳考虑进来，就能进一步得出：

若 C 经得起验证，则主体将其纳入经验系统；
若 C 经不起验证，则排除 C，并重复溯因过程。

将溯因推理中的“惊异体验”“被解释项”“解释项”全部置于主观经验之中与皮尔斯的符号学体系深度相容。根据符号与直接客体之间关系的不同，皮尔斯将符号分为三类：第一性（firstness）——说明对象的性质（如“红色”这一属性）；第二性（secondness）——说明具体的意义（如一个具体的红色事物）；第三性（thirdness）——说明普遍的意义（如红色与光的特定波长之间的对应关系）。结合上文分析可知，惊异体验属于第二性；因原有经验和惊异现象之间存在矛盾而产生的惊异体验属于第一性；用以弥合两者间矛盾的反思性经验属于第三性。三组对应关系进一步为心智主义视角提供了理论支撑。

结　论

在对溯因推理的形式刻画中容易忽略溯因推理中的因果关系和心理意义，因此我们搁置溯因推理的形式化进路，转而对其中的直觉和猜想展开广义的合理性辩护。首先，发现语境与辩护语境的区隔有待商榷，因为一个观点在被发现的那一刻便已拥有某种程度的合理性。其次，溯因推理常被批判为本能的、直觉的或猜想的。然而，本能是“预定”的算法，对主体或种系有生存价值；直觉在得到元认知的关照后，可以化作外显的思维，从而具有相当的合理性；猜想可以为抽象的理论提供诠释，还可为进一步的认知活动或实践活动提供临时性的认知支架。

我们将溯因推理看作动态的认知格式塔。首先，主体对客观事件形成片面的甚或是虚幻扭曲的表征。若该表征与主体的预期之间出现不一致，他会产生惊异体验，进而试图猜想一个解释以弥合裂痕，消除惊异体验。溯因解释虽然未必为真，却值得被以演绎和归纳手段施以现实检验。若经得起检验，则暂时将其保留，否则主体将重新猜想其他解释，直至得到一个经得起当下全部检验的解释为止。本文透过心智主义的视角将认知主体的全部背景经验全部纳入影响溯因活动的潜在因素。与传统观念相比，心智主义视角弥合了主客观之间的鸿沟，也很好地契合皮尔斯的符号学根基。

［基金项目：国家社科基金重点项目（19AZX018）］

（本文编辑：顿新国）

The Defence of Abduction: A Perspective of Mentalism

SUN Jian; JIN Li

Abstract: It is difficult to formalize abduction as a syllogism or the fallacy of affirming the consequent. Abduction is innovative, with a conclusion whose information goes far beyond the premises; the process is often intuitive and speculative. The seemingly elusive intuition and conjecture can be rational if we define rationality in a broader way. Abduction, as a cognitive process that provides an explanation for an observed phenomenon, can be seen as a dynamic cognitive gestalt. Abduction originates from the surprising experience caused by the contradiction between the subject's expectations based on her previous experience and her mental representations of the present. The psychological function of abductive explanation is to eliminate the contradiction and the surprise; the practical function is to provide advice on what the subject should do for the further understanding or practical activities.

Keywords: Abduction; Instinct; Speculation; Mentalism

逻辑史论苑

逻辑、哲学与先秦名学

——论中国古代逻辑学之论证类型与特征

曾昭式

（中山大学逻辑与认知研究所/哲学系）

摘　要：逻辑学是研究论证结构规则之学。从逻辑学发展史看，逻辑是思想（哲学）的论证工具，思想论证呈现逻辑的应用，对论证结构规则的研究归属于逻辑学科。中国古代逻辑产生于先秦诸子思想，对先秦逻辑的研究，诸多先贤有着不同研究成果面世。如果从思想论证来看，不同的思想（哲学）有不同的逻辑，先秦逻辑是一种“正名—用名”的论证类型，“正名”是确立名的意义，“用名”是通过“说”“辩”呈现所正之名，“—”表明用名依赖于正名，概括地说，先秦诸子正名的差异表现为墨家正世界之名、儒家正社会之名、名家正名位之名、道家正道名；但是，先秦诸子用名时却又回到生活世界的经验知识里。

关键词：逻辑；中国古代逻辑；“正名—用名”

逻辑学是研究论证结构规则之学，论证结构是由理由、主张组成，表达论证结构的语言可以是形式语言，也可以是自然语言，这一逻辑理解为学界绝大多数学者认可，基于这一逻辑观，本文意欲回答先秦名学是什么，进而确立先秦名学的逻辑学科意义。

一　问题的提出

百年来，先秦名学的研究仍未能确立相对独立的学科地位。学术界在写作先秦时期逻辑史、哲学史、思想史、科学史时均没有回避先秦名学这一内容，大多看作先秦逻辑。即便是先秦逻辑，也有先秦名学与先秦哲学界限不清、先秦名学对西方逻辑及印度因明的依附等问题。

先秦名学与先秦哲学的交织主要表现为先秦名学既是先秦哲学的内容，又赋予西方逻辑的特征，其研究策略是根据先秦诸子不同派别而论其为逻辑（或诡辩）或哲学。如思想史、哲学史家侯外庐等著的《中国思想通史》第一卷含如下条目：前期儒家的知识起源论和知识方法论，墨子的逻辑思想，老子的知识论，惠施的合同异、公孙龙的离坚白，后期墨家的认识论和逻辑学，荀子的逻辑思想，韩非子的世界观、知识论和逻辑学等。这里的逻辑与知识论、认识论究竟属于哲学学科还是逻辑学科，是含混的。此著将先秦名学称为名辩，总结为形式逻辑和诡辩，其中的逻辑特征也并不清晰，如其言，“一方面是向上的发展，发端于墨子，而完成于《墨经》作者及荀子、韩非。另方面是向下的堕落，滥觞于曾子，放大于思、孟，溃决于庄、惠，而枯竭于公孙龙、邹衍。前者之所以称为‘发展’，是因其将名辩的方法净化而成了形式逻辑的科学。后者之所以称为‘堕落’，则其因丧失了名辩思潮的积极内容，而蜕变成概念游戏的‘诡辩’”[①]。其中，“净化而成了形式逻辑的科学”又是什么？如他们认为的“荀子的逻辑思想”：（1）名辩方法上儒家的规定：“荀子的名辩立场，是以‘士君子之辩者’自居，以‘圣人之辩者’为理想，而以‘小人之辩者’为论敌”；“‘士君子之辩者’以‘言仁’为内容。……这样的名辩方法，无疑地是儒家（士君子）生活态度里‘崇德’或‘隆礼’意识的反映”；“以当‘礼义之中’为方法”“他所谓‘君子必辩’，实即用大儒之辩以止百家之辩”。（2）对于墨家“类”“故”两概念的承藉与修正：“由于将‘类’与‘礼’及‘法’相结合，荀子使‘类’概念成了儒家君子立场上‘听断’的工具，使‘以近知远，以一知万，以微知明’的演绎方法成了‘有原’的思维规律，使‘法后王’的复古政治思想取得了方法论上的根据”；“是以‘隆礼’为‘明故’的前提”；“荀子是以逻辑从属于儒家道德的体系的”。（3）荀子的分类法与定义法的特点：“荀子分类的对象，完全是以政治道德为范畴的，而不及于自然现象；其概念的内容，也不出乎善恶、礼义、贤愚、圣暴、君子小人等道德判断”；“在定义法方面，荀子仍受着儒家立场的局限”。[②] 又如哲学史家张岱年的《中国

---

① 侯外庐、赵纪彬、杜国庠：《中国思想通史》（第一卷），人民出版社 1957 年版，第 419 页。

② 侯外庐、赵纪彬、杜国庠：《中国思想通史》（第一卷），人民出版社 1957 年版，第 553—563 页。

哲学大纲》分宇宙论、人生论和致知论三部分，在第三部分第二编“方法论”里，将“方法论”分为“一般方法论”和“名与辩”。“一般方法论，是关于探索真知的途径之理论；名与辩的讨论，则是关于表达思想、论证真知的思维规律之理论。亦可以说，一般方法论是讲求知之道，名与辩则是论立说之方。”其“立说之方”的研究用演绎法、归纳法解释中国哲学诸子关于方法的讨论，如对《小取》“效”“推”的理解：“所效即是大前提，效即是以大前提为法，若之而然。”“推”则“接近归纳之类推，即近代逻辑中所谓泛化类推（Generalized Analogy）。泛化类推之公式为，如甲有一群性质，任何一物有此群性质之一部分者，则亦将有其余之各性质。近代逻辑家经研究之结果，多承认类推与归纳有密切关系，更认为类推实为归纳之基础。而与归纳关系最密切者，实即泛化类推。”“《小取》篇所说之‘效’、‘推’二法，尤其是可以与西洋逻辑中的演绎与归纳相提并论的。”讲到清初的哲学家王船山，张岱年认为：“船山所谓格物，是验事以得理，实即今所谓归纳法；其所谓致知，实即今所谓演绎法。凡分别物类之普遍界说，皆由演绎来，故云‘非致知则物无所载’。而如纯恃演绎，不用归纳，则所得之知识，未必可应用于外界，故云‘非格物则知非所用’。船山论演绎与归纳之异同与关系，可谓甚精。”①

先秦名学对西方逻辑、印度因明的依附现象最为普遍，如上两例也有此类问题，这类研究从早期的梁启超、胡适、章太炎、章士钊，到当下的周云之、孙中原等哲学史、逻辑史家等，其研究都是按照概念、判断、推理（演绎、归纳、类比）、同一律、矛盾律、排中律等编排中国逻辑史，兹不举例。对因明的依附如张纯一的《墨辩集释》在释《墨经》时以唯识学、因明理论予以说明，如“故，所得而后成也”释为：“故者一切事物所得以成就之小原因、大原因也。印度三支论之因义同。窥基因明入正理论疏云因者所由，释所立宗之所由也，或所立异，由此所以、所立义成。藕益因明论直解曰因者诸法所以然之故。宗非因不显，喻非因不立，因最有力。故标因明，因记明则能立能破也。墨经开宗明义皆是故字。”“若见之成见也”释为：“若者，取譬之词，……即因明之所谓喻也，下并同。凡见之所以成见者，其故有九，缺一不得。佛教唯识宗所谓眼识九缘生是也。（一）空缘，即眼与境之中间须无障碍。（二）明缘，即须日月灯以照之。（三）根缘，须有能发识之眼。（四）境缘，即诸识所缘之境。

① 张岱年：《中国哲学大纲》，中国社会科学出版社 1982 年版，第 280、560、554—555、572—573、576 页。

（五）作意缘，即遍行无心所之作意，谓于所缘境而起警觉。（六）分别依，即第六识，谓眼识依之而起了别之作用。（七）染净依，即第七识，谓第六识恒以之而审量。（八）根本依，即第八识，谓六、七二识常依之而起受熏持种之作用。（九）种子缘，即是诸识各有自类亲种子为因缘。……盖墨子立言，具真现量，诠理颇多合于释氏，惟不及释氏之圆彻耳。”“故”“理”被释为：“故字当以因明之宗逻辑之判释之。”“理虽重比量，亦兼资正教量矣。此当因明之喻体，逻辑之大原。”“类”则被释为：“此当因明之喻，因明分喻为同喻异喻两种，亦适相同。”将“实”“名”“辞”“说”释为：“实者，法自相也，得法自相，相符不违，境属现量，如实制名，成真比量”；“缀名成辞，其辞必如法自相，相符无违，斯为真能立之辞，以此抒写意指，始可触类旁通而无过”；“说明所以立辞之故，剖析异同，为全分异一分异、全分同一分同，判别是非，为全分是一分是，全分非一分非。使敌了然于得失从违之谛理。无难破似立真也。”①

在这里需要特别例举的是先秦名学作为逻辑学科所呈现的不一致性和无整体性，表现为不同学派有不同的逻辑。如逻辑史家汪奠基的先秦名学研究包括普通逻辑、辩证逻辑和社会政治的逻辑，认为孔子等儒家逻辑的主流属于社会政治的逻辑，名家逻辑为名辩逻辑，墨家逻辑归属于普通逻辑，老子的无名论逻辑归属于辩证逻辑。他认为，公孙龙的名辩逻辑内容为：《指物论》属于世界观认识论，即概念论的学说；《名实论》属于逻辑名实问题，即正名实的基本学说；《白马论》《坚白论》《通变论》属于逻辑的辩说问题，包括概念种类、内涵外延、判断标准和推理形式。②“墨辩的逻辑，以《大取》和《小取》的理论体系为最高峰。《大取》总结了墨家论逻辑的辩证思维的全面问题；《小取》重点地总结了辩辞一般原则，并且明确地建立了思维形式的基本法则。概括地说：《大取》主要讨论辩术，是《墨经》的逻辑理论之用；《小取》分析辩说辞要，是《墨经》的逻辑科学之纲。”③ “孔子正名思想的内涵，是具有政治伦理范畴与名言形式概念的二重性的。”④ 孟子的“推”和“比”近于归纳形式的论证法和近于逻辑定义式的解释法。荀子的逻辑贡献在于：“第一，系统地建立了名、

---

① 张纯一：《墨子集解》，载任继愈主编《墨子大全》第31册，北京图书馆出版社2003年版，第281、407—408、413—414页。

② 汪奠基：《中国逻辑思想史料分析》第一辑，中华书局1961年版，第204—253页。

③ 汪奠基：《中国逻辑思想史料分析》第一辑，第371页。

④ 汪奠基：《中国逻辑思想史》，上海人民出版社1979年版，第125页。

辞、辩说的基本思维形式；第二，从历史的社会现实生活的认识上提出了循旧作新的逻辑指导思想；第三，从唯物论的观点，揭示了正确思维的过程与正名解蔽的思想方法；第四，扬弃了辩而无用的思辨形式，批判了名实混乱的错误学说。此外，他重视‘制名指实’和严‘礼法’、重‘名守’的理论。”① 其论文《老子朴素辩证的逻辑思想——无名论》则涉及老子朴素辩证思想发生发展的历史关系，老子自然逻辑范畴的“道”和它的科学基础，老子运用“正反”的科学概念与“无”的负概念形式，老子对范畴形式与概念形式相混的问题，老子对表述真知的“名、言、辩”的看法，《道德经》里有关推论形式的一些方法问题，略论老子逻辑思想影响等几部分内容。②

二　思想论证与中国逻辑史研究新视角

如上所举的关于中国逻辑的探索的学者，都是基于逻辑学是研究概念、判断、推理等思维形式及其规律的科学这一逻辑观念，或是西方其他逻辑说法（如辩证逻辑等）来写作中国逻辑。这些探索者一方面找不到完全对应的中国逻辑文本，另一方面从一般到特殊、由特殊到一般或由特殊到特殊的思维特征来寻求中国的演绎、归纳或类比推理，在中国逻辑发现中导致如上一些问题。即便是如葛兆光着意从中国古代语言上确立中国古代逻辑的不同，也仍然是用以上所说的逻辑框架来说中国古代不同派别的逻辑。他在《中国思想史》著作第一卷讨论“七世纪前中国的知识、思想与信仰世界”时，把关于逻辑内容分为两部分，第一部分讨论古汉语字、词和句式本身所呈现的中国逻辑特征，第二部分研究了战国时代的名辩学。在葛兆光看来，汉字象形性特征本身就体现中国思维的具体感性，从汉字中就已经显示出中国的类概念，“以象形为基础的汉字长期的延续使用，使中国人的思想世界始终不曾与事实世界的具体形象分离，思维中的运算、推理、判断始终不是一套纯粹而抽象的符号”。作为“词”的汉字分类，其部首就是事实世界的一个类，当汉字作为思想论证的符号被人们接受时，文字便影响和规范人们的认知，通过联想和隐喻表示同类意义的意符连接一批汉字，形成一套互相贯通的隐喻系统。古汉语的句式

---

① 汪奠基：《中国逻辑思想史》，上海人民出版社 1979 年版，第 155 页。

② 汪奠基：《老子朴素辩证观念的逻辑思想——无名论》，《哲学研究》1957 年第 5 期。

本身也能推测人们怎么想和想什么，“古代中国思维世界似乎不那么注重‘逻辑’、‘次序’和‘规则’，语言本身是思维的产物，也是思维运算的符号，如何表达与如何理解，本来需要有一种共同认可的规则，但是当文字的图像意味依然比较明显时，就可以省略一些句法的规定和补充，凭着话语发出者和接受者的共同文化习惯，他们能够表述和理解很复杂的意义”。葛兆光通过考察中国名辩学经历从儒家“正名”入手，经过惠施、公孙龙、墨子后学之手又回到儒家“正名”的过程，显示儒家“正名”明显不同于其他学派的思想。详言之，孔子一系中孔子的正名是通过名实关系的调节来整顿社会秩序，定名分与等级，使得实要符合名的规定；墨子一系中墨子重视实际，用实来调整名，其言有三表讲的是依历史依据、人间支持和实用来验证名；老子一系则关注超越语言和经验的道，反对缠绕不休不能体悟玄妙之道的名，“孔子一系思想家是将‘名’看成是对事实有调节性功能的符号，当‘名’一旦成立就不可更易，其意义在于‘名’与‘实’特别是与社会秩序相关的‘实’的一致性上，而与事实无关的纯抽象而独立存在的‘名’是无意义的；老子一系讨论‘道’的思想家则对‘名’采取断然的蔑视态度，认为‘名’是人生超越的障碍，是自由思维的限制”。惠施、公孙龙一系则是专一“名”相辩论的学者，惠施是“合同异”，公孙龙是“离坚白”，表现为语言与事实发生分离，成为纯思的符号，把语言从工具转为对象，惠施通过研究名来瓦解名的差异。公孙龙更接近纯粹的语言分析，其白马论、坚白论是一个语言实验，与现实世界分离。这种语言论辩背后的思想意义转化后为其他学派所不齿，便又出现在批判中使语言辩论转为通向道的超越境界、人的道德世界和智的经验世界的工具，墨子后学不以语言为纯思的符号，把语言看成经验世界的认知工具，所以探讨名实关系，要求名实一致，关注如何做到，墨子后学关注类和类推，关注论辩的“当”，即切中事实、符号经验，成为知识，此“当”的标准：第一，要持之有故，“‘故，所得而后成也’，特别是要能够把握‘大故’即必然的原因，‘有之必（然），无（之必不）然’，这样就可以作为思考和表述的依据”；第二，要合理类推，“‘法，所若而然也’，凡相同条件下的现象与事物可以类比，所以说‘一法者之相与也尽类’，若方之相合也”；第三，“语言表述中有‘或’（可能）、‘假’（假设）、‘效’（类比）、‘辟’（比喻）、‘侔’（比较）、‘援’（援比）、‘推’（归纳推理）等等，其意谓和界限都应当明确”。庄子要“以虚明恬静的心灵来领悟‘道’，要达到‘心斋’，就要‘坐忘’，忘记理性的语言，忘记感觉的感官，忘记积累的经验和知识，这样，在道家这里，名辩之学就无立足之地了”。荀子则用名来规范社会、调整结构，批评无用之辩。荀子之后，正名便演变成为人的品行与名分的鉴定之学。“执着社会关怀的中国人似乎并不习惯这种在现世中毫无实际用处的纯粹语言思辨，追求心灵超越的中国人也不愿意沉湎于这种繁琐而细致的语言游戏。”①

葛兆光的确从语言、思想特征等方面认识到中国逻辑与西方逻辑的不同以及先秦诸派的名辩取向。特别是，葛兆光揭示出思想论证不同所形成的先秦学派不同的名辩思想，更不同于西方的以形式语言为载体的逻辑。但是他并没有非常清晰地回答中国名辩学的学科性质。研究中国逻辑史，确立中国逻辑的合法性地位，为何不从逻辑的来源与作用出发？逻辑从何而来？先哲在思考宇宙、人生时，把思想的东西表达出来了；而表达要通过论证，先哲又去研究论证本身，这就是逻辑。显然，逻辑的作用就是思想论证的工具。对于这一论述，诸多哲学家都有论述，如冯友兰讲：“一哲学包有两部分：即其最终的断案，与其所以得此断案之根据，即此断案之前提。……哲学乃理智之产物；哲学家欲成立道理，必以论证证明其所成立。……辩即以论证攻击他人之非，证明自己之是；因明家所谓显正摧邪是也。……欲立一哲学的道理，谓不辩为是，则非大辩不可；既辩则未有不依逻辑之方法者。”② “哲学之存在靠人之思与辩。辩是以名言辩论。哲学是说出或写出之道理。此说出或写出即是辩，而所以得到此道理，则由于思。”③ “当我们思知识或谈知识的时候，这个思、谈的本身就是知识，用亚里士多德的话说，它是‘思想思想’；思想思想的思想是反思的思想。”④ 这里的“思”“成见”“各问题的答案”等概念的含义即为反思的思想，逻辑是反思思想的论证工具。金岳霖非常赞成冯友兰的说法：“我很赞成冯先生的话，哲学根本是说出一种道理来的道理。但我的意见似乎趋于极端，我以为哲学是说出一个道理来的成见。……哲学中的见，其论理上最根本的部分，或者是假设，或者是信仰；严格地说起来，大都是永远或暂时不能证明与反证的思想。如果一个思想家一定要等这一部分的思想证明之后，

① 葛兆光：《中国思想史·第一卷：七世纪前中国的知识、思想与信仰世界》，复旦大学出版社 2001 年版，第 42、47、199、202—203、205、207 页。

② 冯友兰：《中国哲学史新编（第二册）》（《三松堂全集》第八卷），河南人民出版社 2000 年版，第 247—248 页。

③ 冯友兰：《新理学》（《三松堂全集》第四卷），河南人民出版社 2000 年版，第 8 页。

④ 冯友兰：《中国哲学简史》（《三松堂全集》第六卷），河南人民出版社 2000 年版，第 6 页。

才承认他成立，他就不能有哲学。……所谓‘说出一个道理来’者，就是以论理的方式组织对于各问题的答案。”① 沈有鼎也有相关论述：“普通逻辑是广泛意义的形式逻辑的初步入门阶段，是‘初级的初级逻辑’，……始终不脱离各门科学的具体认识过程，始终和这样的认识过程以及日常思维紧密联系着。逻辑学在开始形成的时候，不论在中国、印度和西方，都是以一般的认识工具或认识方法的姿态出现的。……亚里士多德的《前分析篇》对演绎推理的形式结构，作了一些就古代的尺度看来比较精密的研究。”② 那么，如何做哲学？美国哲学家罗伯特·所罗门在《大问题：简明哲学导论》里有过详尽论述。他将哲学分为形而上学、伦理学、认识论、逻辑学、宗教哲学、政治哲学、美学等七大领域，他认为：“哲学首先就是反思。它要求你后退一步，倾听自己和他人（包括那些大哲学家）的声音，并试图对你的所思所闻做出理解和评价。表述你自己的哲学就是尽可能清晰和透彻地说出你的想法。……明确表达——用语词和句子把我们的想法清楚地说出来——是哲学的首要步骤。……为你的观点做出论证。……通过反思、明确表达和论证，哲学帮助我们把关于自身和世界的看法综合起来，将其整合为一种独立的、统一的、能够为之辩护的看法。”③

从文化到思想、从思想到哲学，范围逐步缩小，我们说逻辑是哲学的本质、工具，自然是思想、文化的本质、工具，我们从思想论证出发定义：逻辑学是关于论证结构及其规则之学，便可以非常明晰地看出西方逻辑、先秦名学、印度因明各自的特征。如《工具论》有言：“全称肯定命题只能通过第一格，并且只能通过一种式得到证实，而全称否定命题既可以通过第一格，也可以通过第二格来证实，并且在第一格中以一个式，在第二格中可以用两个式。特称肯定命题可以通过第一格和最后一格而得到证实，在第一格中以一个式，在最后一格中有三个式。特称否定命题在所有格中都能得到证实，但在第一格

① 金岳霖：《审查报告二》，载冯友兰《三松堂全集》第二卷，河南人民出版社 2000 年版，第 615—616 页。

② 沈有鼎：《论“思维形式”和形式逻辑》，载《沈有鼎文集》，人民出版社 1992 年版，第 248—249 页。

③ ［美］罗伯特·所罗门：《大问题：简明哲学导论》（第二版），张卜天译，广西师范大学出版社 2008 年版，第 14—15 页。

中有一个式，第二格中有两个式，第三格中有三个式。”① 这里把三段论的组成、规则、格与式以及暗含的逻辑常项与逻辑变项、直言命题组成、直言命题主谓项外延间关系、直言命题周延性等理论作了高度地概括。它是一种思想论证：“我所说的辩证法和修辞术的三段论是指它们与某些主题有关，这些共同的主题包括公正理论、物理学、政治学以及诸多不同属类的学科……大多数推理论证根据的是这些属类的所谓部分的专门的题材。”“推理论证有两种形式，一种形式是证明式的，一种形式是反驳式的……证明式推理论证从公认的前提中推出结论，反驳式推理论证则从没有得到公认的前提中推出结论。”② 陈那的新因明思想也可以用一段话概括：“余所说因生者，谓智是前智余，从如所说能立因生，是缘彼义。此有二种：谓于所比审观察智，从现量生，或比量生；及忆此因与所立宗不相离念。由是，成前举所说，力念因同品定有等故，是近及远比度因故，俱名比量。此依作具、作者而说。如是应知，悟他比量亦不离此得成能立。”③ 此中，“从如所说能立因生，是缘彼义”是此文前面讲的能立与似能立内容，包括宗与似宗、因与似因、喻与似喻三部分，即三支论式组成和规则，以及违反规则所形成的不同的似宗、似因、似喻，这里是讲比量依此而立。“于所比审观察智，从现量生，或比量生”句中“所比”是指宗体，由宗依有法和法构造的一个判断，“审观察智”就是就宗体而言的因的审定，而审定要依据现量智和比量智，量有两种：现量和比量。引文中“前智”就是现量，也在此著前文中有论述，这里隐含着因的立敌共许极成问题。“忆此因与所立宗不相离念”句中的“忆……念”是对比量使用者说的，“此因与所立宗不相离”是讲因法与宗法（“所立宗”）的关系，即此著前面讲的“说因宗所随，宗无因不有”关系。“成前举所说，力念因同品定有等”句中“力念”就比量使用者所说，“因同品定有等”中“等”指因三相的第一相“遍是宗法性”、第三相“异品遍无性”，成为因的规则。“此依作具、作者而说”句中“作具”是三支论式，“作者”自然是三支论式使用者（立论者）。“悟他比量亦不离此得成能立”意为自比量、悟他比量两种比量的结构都是三支

① ［古希腊］亚里士多德：《工具论》，张留华、冯艳等译，刘叶涛校，上海人民出版社 2015 年版，第 107—108 页。

② ［古希腊］亚里士多德：《修辞术》，载苗力田主编《亚里士多德全集》第九卷，中国人民大学出版社 1994 年版，第 345、469 页。

③ 陈那：《因明正理门论本》，（唐）玄奘译《大正藏》第 32 卷。

论式。陈那晚期著作《集量论》和法称的《释量论》便是围绕现量、比量来写，这些内容在《因明正理门论》里已经呈现。此段引文也显示出因明的佛学论证的性质。

三 先秦名学与“正名—用名”论证类型

明显不同于三段论、因明的另一种逻辑为先秦名学。先秦名学名称的由来是西方逻辑东渐的结果，也是西方逻辑学科概念本土化的结果，如《穆勒名学》《先秦名学史》等汉语书名。从逻辑学科来看，逻辑研究的核心是论证本身，论证的特征是怎样从理由到主张，其作用是为思想提供一个可接受的论证。所谓先秦名学研究就是探讨中国古代思想论证本身，纵观诸多如上先贤等的研究莫不如此。论证以语言为载体，葛兆光等同时关注古汉语对中国逻辑的影响。只是他们无论怎么称谓中国逻辑（如名学、名辩学、名家等），其中国逻辑内容都是指演绎、归纳等逻辑，看不出中国逻辑来，当没有人否认逻辑是思想的论证工具时，表达思想必有逻辑在，所以，逻辑的定义只能从思想论证出发，依此，我们说中国逻辑是一种“正名—用名”的论证类型。“正名—用名”论证中“正名”是确立名之所指或意谓。名是什么，需要正名，在中国古代哲学学科里，正名是处理名实关系，涉及与名相关的一切问题的研究，“正名—用名”论证中的“正名”是指论证者明确名是什么，即知道名，我们称为定名。“用名”指在说辩中正确使用所正之名。先秦名学理论呈现先秦诸子的“说”“辩”研究里，说辩中的理由获得是正名的结果，从理由到主张的可接受性是用名的范围，用“—”符号表明“正名”“用名”具有不可分性，为说辩的组成部分。

从理由的可接受程度看，三段论的理由称为前提，此前提（大前提、小前提）是构造的类与类之间的关系，其前提是一种类与类的关系无主体作用；因明的理由（因、喻）可接受性表现为因法、同品、异品的共许、极成规则，此规则关注参与者因素，有一种双主体意味，即在每一个具体的因明论式中，立论者给出的必须是敌论者认可的概念。先秦名学的理由可接受性则因论证者的不同而异，在破立中只考虑自己的理解，形成先秦时期正名理论，包括什么是名、实、指、谓等，名实关系理论，正名的原则及违反原则所出现的问题等。先秦诸子对于名的实质、作用的认识是一致的，但对实的所指和关注点差异甚大。由于篇幅所限，仅举儒墨两派为例，如先秦儒家孔子虽讲“为政”时先正名，正名落脚于礼乐、刑罚，但也有民之日常生活行为（如“言”“事”）的要求，包括正名的“言顺”作用[1]。孟子则以比较正“人性”：“告子曰：‘生之谓性。’孟子曰：‘生之谓性也，犹白之谓白与?’曰：‘然。’‘白羽之白也，犹白雪之白；白雪之白，犹白玉之白与?’曰：‘然。’‘然则犬之性犹牛之性；牛之性犹人之性与?’”[2] 荀子正名包括“辨同异”两个方面的意义，“辨同异”包括对世界认知、社会、人伦认知等方面，就世界认知而言，正名遵循的原则为“约定俗成”原则（就人而言），“同则同之，异则异之”原则（就物之特性而言），“单足以喻则单，单不足以喻则兼”原则、“径易而不拂”原则（就语词而言），“大共名”与“大别名”称谓原则、“稽实定数”原则（就物的范围及变化而言）。《正名》里有系统的论证，物名可以约定俗成（“散名之加于万物者，则从诸夏之成俗曲期，远方异俗之乡则因之而为通”）；就社会、人伦的认知而言，正名原则贯彻着荀子之政治主张、伦理规定和价值取向，所以荀子要求“后王之成名：刑名从商，爵名从周，文名从礼”。[3] 这是荀子所说的正道，在此层面，荀子之正名（或制名）就是正道，荀子的“道”是什么，《非十二子》批评“十二子”之说，主张“上则法舜、禹之制，下则法仲尼、子弓之义”[4]。荀子批评三种不符合其正名原则的倾向：其一，以名乱名，用制定的名称验证之；其二，用实乱名，依据事物的同异验证之；其三，以名乱实，用约定之名以验证之。换句话说用“正名”之规则纠正错误之用名。墨家要求君子“厚乎德行，辩乎言谈，博乎道术”，关于如何言谈，墨子要求“顺天之意”（“观其言谈，顺天之意，谓之善言谈；反天之意，谓之不善言谈”[5]）；立言规则，要求“言有三表”（“何谓三表？子墨子言曰：有本之者，有原之者，有用之者。于何本之？上本之于古者圣王之事；于何原之？下原察百姓耳目之实；于何用之？废以为刑政，观其中国家百姓人民之利，此所谓言有三表也”[6]）。后期墨家在《小取》中要求“以名举实”，这是正名的基本原则，其“实”包括自然、社会、人类、墨家

① 见《论语·子路》《论语·颜渊》，以下先秦诸子文本的引用均来自“新编诸子集成”系列。
② 《孟子·告子上》。
③ 《荀子·正名》。
④ 《荀子·非十二子》。
⑤ 《墨子·天志中》。
⑥ 《墨子·非命上》。

思想等诸方面的认知，其理由的证成；在《大取》里讲“以故生，以理长，以类行”。“故”就是正名，“理”就是正名依据，“类”就是以正名的结果而成，所以《经上》《经说上》以“故生”的需要而正名，《经下》《经说下》以“类”来辨名，均为墨家说、辩提供理据。由上儒墨所谓正名所摄之“实”不仅仅是经验知识，更多的是涉及不同学派价值取向方面的认知。

从理由到主张的可接受性看，这里的“理由”是一个或多个“辞”或“言”，主张是“立辞”“立言”，《小取》言“以辞抒意”，《正名》说“辞也者，兼异实之名以论一意也”，其义为辞是将所正之名表达出来，如墨家正“白马”“马”名，通过故、类和背后之理，得出“白马是马”之辞。此辞就可以作为理由而立辞。如何用所正之名证成自己主张或批驳敌对者观点？这才是先秦诸子所关注的核心，对此方面的研究形成了一套完整的理论，如《墨辩》《荀子 · 正名》为其代表作，作为先秦名学的《墨辩》由六篇组成，是一个完整体系，其中《经上》《经说上》讲“故”，《经下》《经说下》讲类，《大取》基于墨家主张而论立辞与故、理、类关系，《小取》则建立了墨家逻辑。其实，其中《经上》《经说上》《经下》《经说下》是基于墨家逻辑意义下讲“正名”的，不是要正马、牛、桌子这些物理之名，其目的就是服务于《小取》所讲的墨家逻辑，《小取》称其为“辩”，“夫辩者，将以明是非之分，审治乱之纪，明同异之处，察名实之理，处利害，决嫌疑。焉摹略万物之然，论求群言之比。以名举实，以辞抒意，以说出故。以类取，以类予。有诸己不非诸人，无诸己不求诸人”。这段引言讲辩的目的或作用、辩所涉范围、辩的构成和辩的要求；进而讲辩的形式、形式规则及其错误。从《小取》所讲辩的目的看，无非物之同异区分和人之是非断定，这些都是在“用名”。《正名》亦是如此，如讲“名”“辞”“辩说”：“名也者，所以期累实也。辞也者，兼异实之名以论一意也。辩说也者，不异实名以喻动静之道也”等。二者的差异在于《小取》侧重“用名”论式（如“辟”“侔”“援”“推”）的研究，《正名》关注对“用名者”的要求方面，如《正名》界定了“圣人之辩说”“士君子之辩说”“君子之言”“愚者之言”，《非相》也有“有小人之辩者，有士君子之辩者，有圣人之辩者”的区分和要求。同时两派均将价值观作为“用名”的根本要求，“正名—用名”论证成为论证政治思想的工具，如《大取》大量篇幅通过“正名”阐述自己学说，《正名》鲜明地提出“期命也者，辩说之用也。辩说也者，心之象道也。心也者，道之工宰也。道也者，治之经理也。心合于道，说合于心，辞合于说。正名而期，质请而喻，辩异而不过，推类而不悖。听则合文，辩则尽故。以正道而辩奸，犹引绳以持曲直。是故邪说不能乱，百家无所窜”的“正名—用名”论证的目的性。所以庄子在《齐物论》里的批评“故有儒墨之是非，以是其所非而非其所是”，切中肯綮。而《公孙龙子》的“正名—用名”论证的“正名”虽然也是名实关系，但在“用名”方面，抽象到了“位”的层面。“位”与“正名”“用名”的关系，《名实论》是这样论述的：“天地与其所产焉，物也。物以物其所物而不过焉，实也。实以实其所实，不旷焉，位也”；“位其所位焉，正也”；“其正者，正其所实也；正其所实者，正其名也”；“夫名实谓也”。此几句引文表明，“物”是现象，“实”是对“物”的认识后的东西（即对象或“物指”），“名”是称谓“实”的，但正实是正经过“实以实其所实”之后“位”，这也就是正名，如从物“白马”“马”到实“白马”“马”还有“白马”“马”可寻的话，到位“白马”“马”已经是一个符号了，这与彼、此一样已经无法通过经验认知了。“白马非马”在位层面表达“彼非此”，在此意义下“用名”，已经超出了墨、儒“用名”的层次，自然遭到诸子批判。但这仍然反映“正名—用名”论证类型的特征。正是先秦诸子在阐释自己思想的同时，研究如何论证方面的理论，铸就先秦名学，成为世界三大逻辑源流之一。

关于“正名—用名”论证的应用，如下荀子的这段话堪为典型：

> 问者曰：“人之性恶，则礼义恶生？”应之曰：凡礼义者，是生于圣人之伪，非故生于人之性也。故陶人埏埴而为器，然则器生于工人之伪，非故生于人之性也。故工人斫木而成器，然则器生于工人之伪，非故生于人之性也。圣人积思虑、习伪故，以生礼义而起法度，然则礼义法度者，是生于圣人之伪，非故生于人之性也。若夫目好色，耳好声，口好味，心好利，骨体肤理好愉佚，是皆生于人之情性者也，感而自然，不待事而后生之者也。夫感而不能然，必且待事而后然者，谓之生于伪。是性、伪之所生，其不同之征也。①

---

① 《荀子·性恶》。

为了论证人的本性与人的作为的关系，用制陶者与制陶行为、木工与制木器关系、圣人与制礼仪、法度作例，其结构为：

P：凡礼义者生于圣人的行为而不是生于人的本性。

S1：制陶是制陶行为使然而非制陶者本性；

S2：木器是木工行为使然而非木工者本性；

S3：礼仪、法度是圣人制定行为而非圣人本性。

这是“正名—用名”论证的一个例子，这里已正之名为：圣人、礼义、礼仪、法度、人性、行为、制陶、木器等，由“辞”表达“制陶是制陶行为使然而非制陶者本性”这一判断以及加上“木器是木工行为使然而非木工者本性”“礼仪、法度是圣人制定行为而非圣人本性”作为理由，“凡礼义者生于圣人的行为而不是生于人的本性”是所立之“辞”（即主张），从理由到主张用的是“辟”式，“用名”是由S1、S2、S3推出P。用荀子的观点说，此属于“君子之辩”。

由此可得出本文的结论：逻辑学是研究论证结构及其规则之学，论证结构是由理由、主张构成，先秦名学理由的可接受性为“正名”理论，先秦名学从理由到主张的可接受性是“用名”理论，“正名”“用名”是先秦名学的有机体，所以说，先秦名学是一种“正名—用名”的论证类型，中国古代逻辑关注的内容就包括正名、用名的研究。这样，就解决了中国逻辑史学界将中国古代逻辑视为“认识论+逻辑”说法的问题，整合了名学与辩学内容（名辩学其实也是名学与辩学的合成），确立了中国逻辑作为学科的整体性与相对独立性。“正名—用名”论证的突出特征是，中国古代逻辑的论证结构都是具体的，所有论证都有实用的目的。

有人或许会问，先秦诸子“正名—用名”论证理论差异何在？简言之，是正名的差异。如前所述，先秦墨家正名的范围是世界万物、儒家正社会之名、名家正名位之名、道家正道名，所以有实名、文名与礼名、彼此指代之名、道名（不可言说）；而他们说辩的方式多用后期墨家总结的说辩式——“譬”“侔”“援”“推”。又或许有人会问，用从一般到个别的演绎推理、从特殊到一般的归纳推理来寻求中国逻辑问题的症结在哪里？本文的回答是作为划分的标准过宽，不能区分不同的论证类型。从思想史视角定义逻辑，符合历史研究的基本要求。因此笔者建议，改“先秦名学”称谓为先秦逻辑、印度因明为印度逻辑，它们与古希腊逻辑一起构成逻辑学的三大传统，都是研究思想论证结构及其规则之学，其论证类型分别为三段论论证、“正名—用名”论证、三支论式论证（从五支论式发展而来）。

［本文系国家社科基金重大项目“八卷本《中国逻辑史》”（编号：14ZDB013）的阶段性成果。］

（本文编辑：王克喜）

Logic, Philosophy and the Study of Ming in the Pre-Qin Period: On the Characteristics and Argument Types in Ancient Chinese Logic

ZENG Zhao-shi

Abstract: Logic is the study of the structures and rules of argument. From a historical perspective, it is clear that logic is the tool for philosophical arguments, it is used by different thinkers to argue for their own thoughts. However, it is the study of the structures and rules of their arguments that fosters the development of the discipline of logic. Chinese logical studies grow out of the philosophical works of the ancient thinkers in the pre-Qin Period, and there has been a considerable amount of research work carried out on exploring its nature and characteristics. If we take into account the close connection between of philosophical arguments and logic, we will find that different philosophies may have different logics. In particular, logic in the pre-Qin Period is indeed a logic for the rectification and application of Names, in which the rectification of a name is to establish a meaning for it, and the application of a name is to argue for the understanding that is developed in its rectification. Seen from this perspective, it could be further indicated that different thinkers in the pre-Qin Period have actually focused on the rectification of different names: the Mohists are interested in names in the natural world, but the Confucians are interested in names in human society; the School of Ming philosophers focus on names of fame and position, while the Daoists concentrate only on the names related to the notion of Dao. However, when it comes to the application of names, all their discussions rest eventually upon the empirical knowledge in the life world.

Keywords: Logic; Ancient Chinese Logic; Rectification-Application of Names

从《形式哲学》看蒙塔古的绝奇人生

朱建平
（苏州大学哲学系）

摘　要：本文以蒙塔古及蒙塔古语法（MG）的历史命运为轴线，描述 MG 产生的逻辑和语言学背景，以及因其技术方面艰深驳杂，在其引入美国语言社会时所遭冷漠和拒斥，历经曲折而最终被语言学界接受的过程。旨在通过记述自然语言语义学这一新兴学科的诞生与成长，揭示出一个创新理论应当具有的真正学术品质，以及赋予理论以生命和活力的蒙塔古不同凡响的绝奇平生。

关键词：蒙塔古；蒙塔古语法；形式语义学

读书如知人，但书可能被误读，犹如人可能被误识。我相信，大多数理查德·蒙塔古（Richard Montague）《形式哲学》的读者，都有“被误读而不自知”这一解读经历：一位本想通过此书来了解一种哲学的人，在发现本书连篇累牍的逻辑、集合论符号后，会认为这是一部现代逻辑著作。而真正颠覆笔者阅读史的是：读者被告知这是一部试图“将元数学的材料适当应用于自然语言句法学、语义学和语用学研究”①，因而本质上是一部关于自然语言语义学著作；而当读到“在我看来，自然语言和逻辑学家们的人工语言之间并不存在重大的理论上的差别，两种语言的句法学和语义学都可综合于一个单一的、自然的和数学上精确的理论中”② 之时，我想许多读者都会与我一样受到强烈的心灵震撼，感觉到一门新学科降临的气氛。但如果你认为这就是该书写作的终极目标，那仍然属于误读。正如该书名字所表示的，它既是一部探讨自然语言“形式”语

① R. H. Thomason (ed.), *Formal Philosophy: Selected Papers of Richard Montague*, Yale University, 1974, p. 1. 本书有朱水林等译中译本，即《形式哲学——理查德·蒙太古论文选》，上海译文出版社 2012 年版。

② R. H. Thomason (ed.), *Formal Philosophy: Selected Papers of Richard Montague*, p. 222.

义学著作，又是关于语言的“内涵”现象“形式”处理的著作，属于哲学逻辑中的标准内涵逻辑研究，同时，它也是一部关于语言“形式”性质探讨的语言哲学著作。

《形式哲学》是著名逻辑学家托马森（R. H. Thomason）在蒙塔古逝世后编辑出版的蒙塔古论文选集，收入了其生前发表的69篇论文中最重要的11篇，其中的主体是所谓“蒙塔古语法”（MG）的代表性成果。本文宗旨不是要阐述并解释蒙塔古的艰深理论，而旨在以蒙塔古及MG的历史命运为轴线，描述MG产生的逻辑和语言学背景，以及因其技术方面艰深驳杂，在引入美国语言社会时遭遇冷漠和拒斥，最终历经曲折而被语言学界接受的过程。通过记述自然语言形式语义学这一新兴学科的诞生与成长，揭示出一个创新理论应当具有的真正学术品质，以及赋予理论以生命和活力的蒙塔古不同凡响的绝奇平生。

一

蒙塔古是20世纪70年代对自然语言语义学这一专门学科给出定义的主要人物。从这种意义上来说，他是一位开山鼻祖，是一位一生致力于一门学科的创立的人物。他在整个短暂而精致的职业生涯中一贯主张：除非语义学是数学而不是心理学的一个分支，除非自然语言（如英语）中句法和语义之间的关系与形式语言（如一阶逻辑语言）中句法和语义之间的关系没有根本的区别，否则，我们就不可能真正理解自然语言。为此，他为这一理想建构了历史上最复杂、最深邃的语义学理论。的确，不管对他的语言观——逻辑与语言关系的理论接受与否，凡是读过他的《形式哲学》的人，都会对这部书直言不讳的论战性质、犀利的理论观点、开疆拓野的执着理想、综合创新的奇妙能力和建构理论的强烈愿望留下深刻印象。

蒙塔古的一生经历了逻辑实证主义、语言分析哲学和生成语义学的整个上升期。这是一个被逻辑、语义学和语言分析所激扰的年代，也是试图通过对哲学句法学、语义学及语言哲学施加严格处理而达至持久哲学结果的年代。作为时代的产儿，蒙塔古置身于时代的洪流之中，并且作为著名逻辑学家塔斯基的学生而深受弗雷格、罗素、卡尔纳普等人的影响。正是在他们的逻辑中，蒙塔古找到了对逻辑和语言问题的异乎寻常的敏锐和对现代数学和逻辑等形式工具的谙熟使用，使他的思想呈现出不同于常人的深刻性、彻底性和独立性。尽管他不断地从他的前辈，如弗雷格和卡尔纳普，以及他的同时代人，如塔斯基和刘易斯的理论中获益，但他从未步他们之后尘，而总显示出某种独立性。例如，他利用了他的导师塔斯基的模型论语义学，其目的恰恰是为了反对塔斯基的自然语言与逻辑和数学语言关系的理论。塔斯基认为自然语言是一种语义封闭的语言，这与人工形式语言可形式地区分为“对象语言”和“元语言”具有根本性差异。与之相反，蒙塔古认为，自然语言和数学语言一样，同样能够经得起严格的形式语言的处理。这样做的结果使他总是或者在理论上，或者在方法论上领先学界同人一步，从而为逻辑与语言关系的发展指明了方向。他独具慧眼地预言了语义学是数学的一个分支，用简洁到极点但又复杂到极致的语言—逻辑工具，成功地描述了一个在别人看来是不可能的自然语言片段的句法学和语义学，其中句法和语义的组合性同构处理，兰姆达演算的函数性质（它的简单性、图灵完备性、易于读写性，以及语义的可扩展性）的完美使用，使他毫无争议地进入 20 世纪世界著名思想家和语言哲学家行列。

1930 年 9 月 20 日，蒙塔古出生于加利福尼亚州的斯托克顿。1948 年蒙塔古进入加州大学伯克利分校主修思想史和哲学，1953 年获得数学硕士学位。1957 年，在塔斯基指导下完成博士论文。从 1954 年开始，他加入了一个跨哲学与数学两系的逻辑组织，与一批志同道合的青年才俊寻求对逻辑和逻辑哲学、哲学逻辑的新理解。从此以后，《符号逻辑杂志》《美国数学学会学报》《哲学研究》《基础数学》《哲学与现象学研究》《综合》《心灵》《逻辑、方法论和科学哲学辑刊》《形而上学评论》等国际知名学术刊物纷纷向这位勤奋而睿智的青年学子敞开怀抱。他的热核反应堆般的头脑，使他驾轻就熟地游走于当代数学基础的新兴学科——证明论、模型论、公理集合论和递归论之间，从中叠拓新题，并屡有斩获。他将逻辑方法应用于包括语言哲学在内的哲学概念的分析，令人耳目一新。他对模态逻辑和内涵逻辑的精深研究已经载入史册，他还开辟了形式语用学和时态与模态相结合的研究方向。

自 60 年代末，蒙塔古转向了“通用语法”的研究。我们虽不能说他一生的荣耀全系于这项研究，但人们公认这是一项集基础性、探索性和创新性为一身的成果。它由均收录于《形式哲学》的三篇高度浓缩的论文组成：《作为形式语言的英语》（EFL，1970）是一篇充满宣告性质的论文，它以一段引人注目的文字开始：“我拒绝在形式语言和自然语言之间存在着重要理论差异的观点。”[①] 由此蒙塔古否定了逻辑学家和哲学家的一个共同信念：自然语言由于太不规则，因而无法给予形式化的处理。第二篇论文《通用语法》（UG，1970）包含了蒙塔古的英语描述的最一般的形式框架，其中心思想是：语法是一种代数，语义是一种代数，语法代数元素和语义代数元素间存在着一种同态映射。这里关键的问题是组合性原则。《普通英语中的量词的适当处理》（PTQ，1973）是他的问鼎之作，在这篇标志性论文中，他提出并定义了英语片段的语法和语义，英语短语被翻译成基于内涵逻辑的逻辑表达，然后用塔斯基的模型论语义学来解释。PTQ 对语言学家和后来的形式语义学发展影响最大，以至于“蒙塔古语法”在 20 世纪 70—80 年代被语言学家和哲学家定义为 PTQ 及其延伸。

三篇划时代论文给蒙塔古带来了世界性的声誉。人们称赞他在西方文化史上树立了一座里程碑，认为他在语言学中的革命，可与乔姆斯基学派在生成语法学中的贡献相媲美。他的著作简洁优美而清晰，他的思想透彻、严密而富有洞察力。然而，就在他学术生涯的高光时刻，1971 年 9 月 20 日蒙塔古在家中遇害，年仅 41 岁。人们对逻辑和语言学界丧失了一颗正处于巅峰时期的伟大而富有独创精神的新星而扼腕叹息。

毋庸置疑，蒙塔古的英年早逝，对哲学—逻辑学界和语言学—语义学界都是一个不可弥补的损失。这使得我们想起了历史上不乏有些学派随着其创始人或学派领袖的离世，其所开创的事业也随之终结的先例。20 世纪初至 30 年代形成的著名的芝加哥社会学学派曾经是世界上最成功的社会学学派。但随着大名鼎鼎的里斯曼在“系主任之争”失败后离去，接着是同一年里戈夫曼追随布鲁默去了加州伯克利，再接着是沃纳的离去，最后是 1962 年休斯从芝加哥退休，导致由托马斯、米德和帕克传承而来的芝加哥传统终告结束。而蒙塔古和他的语义学则幸运地规避了这样的结局。他的事业并没有因为他的离世戛然而止。他虽然不能兑现在他生前的讲座中对听众许诺的将其理论做一些通俗化解释的承诺，但他的朋友和同事托马斯在他去世后的第三年以《形式哲学》为名编辑出版了蒙塔古在世发表的主要论文，并为本书写了颇为精详的引论和一份蒙塔古生前发表论文完整目录。《形式哲学》这一书名意味深长，很耐人寻味，它既表达了这本论文集的主题，又表达了蒙塔古的兴趣之所在；但我认为，如果标

---

① R. H. Thomason (ed.), *Formal Philosophy: Selected Papers of Richard Montague*, p. 188.

题为“形式化的哲学”会更为传神，也更富叛逆性。虽然蒙塔古的一些艰涩难懂的思想依然埋在连篇累牍的符号逻辑公式之中，妨碍人们对他的理解，然而，围绕着“缓解”蒙塔古理论复杂性的工作一直在进行，一些更适合于自然语言语义学需要的形式工具已经出现。如今，他首创的并以他的名字命名的蒙塔古语法已成为逻辑学家、语言学家和哲学家对自然语言的形式语义学研究的主要参考点。

二

提起蒙塔古，人们自然会想起图灵（A. M. Turning）。两人都是逻辑学精英，但蒙塔古走的是由塔斯基开辟的路子，定格于自然语言语义学，而图灵则在数理逻辑、计算机科学和应用数学方面造诣颇深；两人都受过严格的数理逻辑训练，两者的研究都带有强烈的偏爱自给自足的特点——往往以手头上的无论什么材料（数学的或语义学的）来展开他们的工作。两人都在少年时代便表现出无与伦比的才智，都于弱冠之年进入名校——蒙塔古出自著名的加州大学伯克利分校，图灵来自世界知名学府剑桥大学。在进入大学时，两人已完全准备好利用各自大学的环境和他们各自天赋的优势成就一番事业。两人都以自己的划时代论文（蒙塔古 FFL、UG、PTQ，图灵《论可计算的数字》）赢得世界性声誉。他们的创新性研究成果——“蒙塔古语法”“图灵机器”都得到广泛应用。蒙塔古语义学的创新可列入乔姆斯基所开创的伟业行列，图灵从事的计算机逻辑的发展方向则使他进入像冯·诺依曼那类著名人物的行列。他们的成就既来自勤奋，也来自各自所拥有的巨大才能和洞察力；与之相对应，他们的研究都具有既深奥又持久的意义，一个照亮了被经典逻辑和传统语义学的云翳所遮蔽的内涵逻辑和形式语义学的风景，一个为计算机科学的发展探明了方向。

纯属巧合的是两人都是同性恋者，都英年早逝（图灵去世于 1954 年，终年 42 岁），两人死后都未逃过大众媒体的纠缠；不同的是，以他们的生平为题材，一个被写入小说，另一个被拍成电影。蒙塔古的生平，他的奇绝个性和《形式哲学》冰清玉洁、一尘不染的理论品质，吸引了他的校友——加州大学洛杉矶分校的一名实习生艾弗里克，随之他便产生了强烈的创作冲动，并于 2008 年出版了小说《谋杀的语义学》，以蒙塔古为原型的人物是该小说中的一个主要角色。图灵的传奇一生则被娱乐圈拍成电影《模仿英雄》，他在第二次世界大战期间协助盟军破译纳粹德国的密码系统，扭转战局的场景是他生命历程中最闪光的时刻。

蒙塔古的一生，使我想起来中国作家张爱玲的一句名言：出名要趁早。这句话套用在蒙塔古身上非常合适。事实上，他很早就达到了事业的巅峰，至少在当代西方逻辑和语言学界如此。他 24 岁就给数学—逻辑杂志投稿，25 岁在《探究》（*Inquiry*）杂志上发表了他的第一篇论文，成为加州大学洛杉矶分校哲学系的教师，并很快于 32 岁升任为正教授。在世时，他常常享有作为第一个接受邀请宣讲论文的演讲者的殊荣；而在他完成具有划时代影响的形式语义学论文时，他刚刚年满 40 岁。去世后，蒙塔古更是声名鹊起，其影响很快达到了他的同龄人连想也不敢想的骇人高度，正所谓“人间未遂青云志，天上先成白玉楼”。

由蒙塔古的成功之路反观当下，当代人尽管拥有更多的闲暇，但由于海量信息的增加，作为碳基智能的人类大脑在加快我们的思考能力和处理信息能力发展方面的发展空间是有限的，面对像脸书、谷歌、亚马逊、微博上浩如烟海的信息，人的智能很难再复制出才华出众、学识渊博的伟大科学家与思想家。不仅如此，学术趣味也在悄然发生变化：比如说在 20 世纪初，数理哲学领域还存在着“三大主义”（即逻辑主义、形式主义和直觉主义）之争，但在当代早已偃旗息鼓，人们似乎对“大主义”心存厌倦，以罗素、希尔伯特、布劳威尔为代表的思想家纵横捭阖于哲学、数学、逻辑之间，通过著书立说、自立门派而出现的理论激辩也难以复现。虽然学问还在延续，但做学问的方式已经发生了变化。在当代有影响的思想家虽仍不在少数，其间也不乏博识有趣的学者，但创立学派的为数不多，以其本人的名字命名一个理论流派的更极为罕见，而这一理论能够同时在不同学科引领一个时代的学术风貌则是凤毛麟角。但蒙塔古似乎是一个罕见的例外，他 40 岁便一统江山，坐定了第一把交椅，如今，不仅以他的名字命名的衍生学科如日中天，而且照目前计算机—人工智能和认知科学发展的势头，形式语义学的时代刚刚到来。

人们自然要问，蒙塔古成功的诀窍是什么？表面看来，蒙塔古和他的同事并没有什么两样。他读书、授课、写作、撰写学术论文、宣读发表研究成果。但是，人与人的格局和视野是不同的，除了日常生活中的苟且，顶尖思想家思考什么以及如何思考才是问题的核心，窥视一下蒙塔古思考问题的独特视角，或可清楚把握，究竟是什么样的独特心理品质，造就了他独特的心路历程以及极富张力的学术人生。

三

是什么使得 MG 的理论地位非同寻常？首先，它是时代的产儿，MG 反映了逻辑学和语言学发展的趋势。其次，它提出并正确地回答了蒙塔古所处时代最深刻、最具普通性的一些问题。作为著名逻辑学家塔斯基的学生，蒙塔古在弗雷格、罗素、卡尔纳普和塔斯基的著作中找到了满足他终生探索概念清晰性和方法精确性要求的不竭源泉，塔斯基创立的模型论语义学以及语义真理论奠定了蒙塔古整个学说的理论基础。MG 具有高度数学化、逻辑形式化和严谨性的特点，显示出蒙塔古对他所处时代伟大传统的一种积极的继承。

但事情并未到此为止，蒙塔古语法（更准确地称谓是蒙塔古语义学）的理论魅力，还在于它从根本上颠覆了我们对逻辑与自然语言关系的理解。MG 所做的远远超出了逻辑的一般应用，它所提出的是一个如何看待自然语言，特别是逻辑和自然语言的关系问题。在这方面蒙塔古以与传统分析哲学完全不同的方式，甚至以直接站到它的对立面的方式发展了分析传统。例如，分析哲学家们都重视语言和语义问题，将理解语言看作揭示物质实在和思想实在的本质和法则的关键所在。但是他们对语言的关注几乎集中于科学语言，特别是数学语言的逻辑分析方面。注重适合于数学表达的人工符号语言。他们偶尔也重视自然语言的形式化和逻辑表达问题，但他们的目的只是为了澄清自然语言的逻辑形式，是用一种所谓的精确的形式符号代替自然语言所谓的模糊和不清晰的符号。他们都认为自然语言充满了模糊和不确定性，不具有精确的形式，唯有人工语言才是唯一理想的语言。例如，塔斯基认为，任何一个想用“精确方法”来描述“通俗口语语言语义学”的人将必须首先承担“改造这种语言的吃力不讨好的任务”，而且这种改造了的语言由于在改造过程中被转化为人工语言，因而失去了它的“自然性”。

但蒙塔古不这样看，他正式提出并严格坚持的观点（简称蒙塔古论题）可体现为以下几个方面。

（1）自然语言如英语中句法和语义之间的关系，与形式语言如一阶逻辑语言中句法和语义之间的关系没有根本的区别。不可否认，在蒙塔古之前，逻辑学家丘奇也曾明确地指出，形式语言和自然语言之间原则上没有差别，他甚至以这种精神拟定了一些规则。但是，他承认只有在撇开逻辑上无规则的构造和多义词才能做到这一点。他曾以塔斯基的方式补充说，为自然语言确立规则，既是“报导”的事情，也是“立法”的事情。反之，蒙塔古即使在他的论文中只是形式化了“英语的段片”，却仍然希望将这同样的原则推广到整个英语里，而且是一种“报导”说明而不是为什么“立法”。

（2）语言学是数学的一个分支而不是心理学的一个分支。这一观点主要是针对乔姆斯基学派的。被人描述为是一位“句法学动物”的乔姆斯基曾被人指责完全忽视了语义学，虽然对乔姆斯基而言这一指责的确有失偏颇，但乔姆斯基的确承认他所强调的中心一直是句法学。他还认为，句法学可不依赖于语义学而被研究。尽管乔姆斯基也试图发展一种自然语言的形式理论，但是，他将句法学看作心理学的一个分支，而不是像蒙塔古所认为的那样将句法学看作数学（严格地说是元数学）的一个分支，是对于形式系统的形式分析。

（3）语义学的基本目的是构造真理理论，或者更一般地说，是建立在任意解释之下的真值理论。戴维森（D. Davidson）亦曾提出真值条件就是给出句子意义的一种方式。但是，他的真值条件语义学，并没有正确区分意义与外延，当然也不能正确地处理意义与蕴含。而蒙塔古与克雷斯维尔（M. J. Cresswell）的真值条件语义学和模型论语义学使用可能世界这一概念来区别意义和外延，并形成把外延指派给意义的规则，这一体系显然比其他理论更能为自然语言提供令人满意的语义元语言。

（4）与乔姆斯基等的解释语义学将意义指派给句法规则的输出、句法自治，认为句法部分有生成性、语义部分只有解释性不同，同时也与生成语义学忽视句法证据，过多地倚重语言的深层语义结构的原始直觉的做法也不同，蒙塔古提出句法和语义必须同时建构的原则；每一句法规则都配有一条语义规则和翻译规则。句法描述不仅要定义表达式的合式（即良构）与否，而且还要为语义解释提供基础。蒙塔古的组合性原则可表述为：句子的整体意义是它的组成部分的意义和其部分意义组合方式的函项。

（5）MG 将内涵逻辑引入语义学，从而拒绝了蒯因从经验主义的立场出发，主张用指称理论代替意义理论，否认内涵概念和可能世界语义学的整个立场。内涵指某个体或谓词的 F 赋值函数，在模型的所有世界和时间中的真值。外延指某个个体或谓词的 F 赋值函数，在模型的某一时间和某一可能世界的语义值。内涵逻辑的引入可以解决语义学中的许多棘手问题，如晨星昏星悖论、独角兽疑难、温度疑难、由 that 从句引起的各种困难以及内涵动词的语义解释问题。

另外，MG 使用的类型方法和兰姆达算子成为分析形容词、命题态度词及限定词的量化特征的有力工具。内涵逻辑亦兼具模态算子和时态算子的丰富综合力，更适宜分析自然语言句法构造与语义解释的特点。

正是凭借蒙塔古对语义学的启示性理解和开创性研究，才真正开辟了自然语言语义学研究的崭新局面，并最终导致了后来声势浩大的形式语义学的发展。这不禁使人们思考为什么历史选中了蒙塔古而不是其他比他更有声望，也更有基础的研究传统。人们会说蒙塔古的理论更有解释力，但这种事后诸葛亮的解释过于笼统，解释力只是理论的一个特征，为什么具有这种解释力才是问题的关键。

对蒙塔古所提出的那些石破天惊的问题，人们通常倾向于一种近乎神化般的解释，仿佛只有这样才能对得住他那出神入化的问题。其实，蒙塔古的问题就是在他日复一日、年复一年指导他的学生做“双语翻译”中而萌生出的。这是一个十分重要而极富学术价值的信息。当我从一篇回忆录中读到这一信息时，我是又惊异又叹息；惊异在于知晓了蒙塔古如此精深的语义学理论就出自年复一年的双语训练，而叹息的是自己十几年也一直坚持训练学生这种“双语感”，但却从未达到蒙塔古那种构造的复杂性和技术工具的精湛性。正是通过这种翻译，蒙塔古发现了后来表述在他的 EFL、UG 和 PTQ 中的那些具有震撼力的论题。设想一下，如果没有诸如数理逻辑、模型论和可能世界语义学以及范畴语法、类型论、内涵逻辑、兰姆达演算这些出类拔萃的形式工具，蒙塔古的问题就是空话。

当然，我们还需要强调说明，蒙塔古的论题使得人们对语言的理解达到了合乎当代人类理智的水平，而蒙塔古的形式工具使得蒙塔古所处理的对象有控制（即由一个语言断片向着另一个语言断片）地增长，甚至能够不断地改进保证这种增长的手段，这导致一种特殊的进化形式的能力。同时，MG 在现代逻辑和语言学的嬗变中所起的举足轻重的作用，也彰显出蒙塔古深邃的目光和罕有的理论勇气，这表现在他始终如一地坚持这两种态度——对传统习见的挑战性和思想的独立性。相比之下，我们的逻辑研究缺乏系统的理论指导，亦缺乏系统规划，各自为战，没有抓住问题不放和一生致力于几个问题的研究的定力，没有深入更深的层次和更广的范畴。这是我对蒙塔古研究所得到的最大教益。

四

蒙塔古语法从被冷漠、质疑到被接纳、修正和扩展，揭示出作者特定心路历程、传奇般遗传密码的关键，以及这项革命性成果的真正学术品质的问题。在20世纪50年代前后，美国语义学界主要关注的是词汇意义的解析性分析，关心语言中的同义、反义、上义、下义关系、对立关系、异常、蕴含、词汇分析等问题，因而基本是描述性的。此后在乔姆斯基生成语法的影响下，句法自治受到语义概念的侵袭，句法和语义之间的界限变得模糊。句法学家在语义描述中，开始输入指称、意义、后承等概念；语义描写经常模仿句法树结构。在有些理论中，语义描写与某些句法结构平面一致；句法学家越来越多地使用数理逻辑概念，语法的“深层结构”更像数理逻辑的公式。这些公式体现了句子从深层结构到表层结构的转换。但总体上，这期间逻辑和哲学对语言学的影响是有限的。语言学的语义描述仍严格限制在语言学框架之内。在70年代以蒙塔古为代表的形式语义学进入语言学领域之前，真值和后承关系从未作为一个研究对象被清楚地阐述。

在生成语义学和解释语义学的语言学争论处于白热化的阶段，蒙塔古正埋头于逻辑之于自然语言的探索。谈到蒙塔古语法，人们往往把注意力只集中到他的上述三篇主要论文上。实际上他的语义学思想早在1967年就初露端倪，他称为“我的独断论”。在《关于某些哲学实体的性质》中他写道：“在这一历史舞台上，哲学可以把具有个体以及经验谓词的集合论作为自己的理论框架”；“通过元数学或模型论的方式（这种方式可在集合论的语言中实现），哲学始终有能力扩展它自身，进而在一个新的语言内着手处理一个新的哲学分支。现在已到了采取步骤以奠定内涵逻辑基础的时机了”。[①] 这两段可看作蒙塔古建构新理论的宣言书。

蒙塔古并不是唯一一个意识到逻辑和语言哲学相关进展的语言学家，但在这一切变得流行之前，语言学家和逻辑学家并没有积极地合作，反而表现出一种怀疑的目光。许多语言学家被蒙塔古所使用的逻辑公式和类型内涵逻辑所震慑。对大多数哲学家来说，它简直就是一部未开封的书；美国不少学者就以

---

① R. H. Thomason (ed.), *Formal Philosophy: Selected Papers of Richard Montague*, p. 154.

“作为外国语的英语”反讽他的《作为形式语言的英语》一文。而在哲学家中，许多人追随蒯因和戴维森，对可能世界语义学和内涵逻辑怀有深深的疑虑，但后者得到许多语言学家和逻辑学家的关注与研究。语言学家们关注的一个重要问题是语义表征和语义意义的区别。而哲学家刘易斯（D. Lewis）谴责了现有的语义表征系统，因为它们缺乏对真理条件的处理。① 蒙塔古的研究可以被认为对刘易斯语义分析批评的回应。他对自然语言语义学的模型论分析，为刘易斯发现语义表征中缺乏的意义提供了一种处理方法。MG 对语言学家的潜在吸引力还在其所提供的句法和语义之间的观点，能为生成语义学和解释语义学提供一个双方均可接受的观点。蒙塔古的 PTQ 展示了句法与语义对应的规则对规则的处理。句法规则将表达式组合形成复合表达式，相应的语义规则则把整体视为相应部分的函项。另外，蒙塔古理论按递归定义对语法进行处理时采用的代数观点，也是语言学家原则上能够接受的一种观点。因为这种观点只关注句法和语义的结构，以及二者之间的关系，而对其间的特定内容、本体论承诺和认识论基础等问题则持一种中立态度。同时，语言学家也认为在说明生成语义学的辖域歧义的语义问题时，蒙塔古的理论是最有说服力的。最终在帕蒂（B. H. Partee）和托马森的引介下，蒙塔古的著作为语言学领域重视与接受。

借助蒙塔古语法的因素，模型论语义学进入了语言学。当然我们也不能忽视其他类似的研究路线，它们也为促成语言学与逻辑学的合作发挥了作用。如逻辑学家刘易斯不仅熟悉乔姆斯基和其他语言学家的工作，而且在与蒙塔古的合作中，也深深影响了蒙塔古。又如克雷斯维尔在一些逻辑与语言的根本问题上和许多语法结构的处理上都极有见地。帕森（T. Parson）、哈恩（K. Hahn）、托马森、斯托尔内克尔（R. Stalanker）在逻辑、语言和哲学的早期交流中也发挥了重要作用。1973 年在剑桥大学召开了第一届形式语义学国际会议。此后，MG 逐渐成为对自然语言的形式语义学研究的核心主题。

MG 的理论命运带给我们的启示是：有些由来已久的传统思想只因我们缺乏独立思考而因袭习见。蒙塔古却沉入其中以探究竟，进而形成独到之见，澄清亘古之疑难。在他的理论中我们也可以想见他做学问的坚韧刻苦，寻求根本原理的矢志不移和锲而不舍。他的结果是重要而持久的。他改变了我们对逻辑与

---

① ［美］大卫·刘易斯：《普通语义学》，载中国逻辑学会语言逻辑专业委员会、符号学专业委员会编译《语用学与自然逻辑》，开明出版社 1994 年版，第 216—272 页。此文来源于 1969 年 3 月大卫·刘易斯在第三届 La Jolla 语言学理论讨论会上的发言。

语言本性根深蒂固的观念，加深了对逻辑与语言及相互关系的理解。虽然他的高深研究让人觉得高不可攀，他的理论至今也未向大众普及，但我们仍可由特殊意会一般，汲取有益的经验，做出适合自己的选择。

（本文编辑：张力锋）

A Look at Montague's extraordinay Life from *Formal Philosopy*

ZHU Jian-ping

Abstract: Based on the historical destiny of Richard Montague and Montague Grammar, this paper attempts to describe the logical and linguistic background of MG's emergence, and the process of its introduction into American language society because of its technical complexity, indifference and rejection, and finally its tortuous acceptance by linguists. By describing the birth and growth of linguistic semantics as a new discipline, this paper reveals the real academic quality that an innovative theory should have and Montague's extraordinary life that gives life and vitality to the theory.

Keywords: Montague; Montague Grammar; Formal Semantics

台湾地区因明学研究的现状与问题

甘 伟
（贵州民族大学民族文化与认知科学学院）

摘 要：1949年以来，台湾地区因明学的研究主要表现为三种趋势：一是以欧阳无畏、林崇安等为代表的藏传量论研究，其特点是忠实于藏学原典译释；二是以陈大齐、何建兴等为代表的汉传因明研究，主要特征是借助西方式的逻辑观对汉传因明进行理论重构；三是瑜伽行—唯识学与佛教量论研究，包括唯识学、认识论和比较哲学三种立场。台湾学界因明学的缘起、发展和演进本来就与大陆因明学的发展有着同根同源的关系，鉴于其研究型态和社会影响力等方面的问题，两岸因明学界应加强交流互动，共同促进中国因明学的发展与繁荣。

关键词：台湾地区；因明学；佛教

海峡两岸特殊的历史情况，使得中国因明文化圈的整体形态有所分离，大陆因明学界对台湾地区因明学的研究和发展了解甚少。在大陆学界，因明学的发展在2006年以前是被置于中国逻辑史的学科框架中予以确定的；2006年中国逻辑学会成立因明专业委员会后虽相对独立，但仍与中国逻辑史学界关系最为紧密。以往也有不少两岸学者关于台湾学界逻辑学发展的情况报告在大陆学术期刊发表，如吴泽强《台湾逻辑学发展及研究》①、张斌峰《当代台湾逻辑学发展的回顾与展望》②、王文方《台湾六十年（1949—2009）逻辑学研究》③、陈世昌《台湾逻辑学的发展系谱与现况》④、董志铁《台湾逻辑学研究五十年》⑤ 等

① 吴泽强：《台湾逻辑学发展及研究》，《逻辑学研究》2016年第1期。
② 张斌峰：《当代台湾逻辑学发展的回顾与展望》，《湖南科技大学学报》（社会科学版）2004年第5期。
③ 王文方：《台湾六十年（1949—2009）逻辑学研究》，《逻辑学研究》2010年第3期。
④ 陈世昌：《台湾逻辑学的发展系谱与现况》，《自然辩证法研究》2002年9月增刊。
⑤ 董志铁：《台湾逻辑学研究五十年》，《自然辩证法研究》1997年9月增刊。

多篇论文较详细介绍了台湾地区逻辑学的研究与发展概况，但是其中极少涉及因明学的研究趋势与发展情况。本文拟通过文献梳理，扼要呈现70余年来台湾地区因明学的发展情况，尝试从藏传因明、汉传因明和唯识因明三方面介绍台湾地区因明学研究的主要成果、学人观点等，并审视和反思70年来台湾学界因明学发展的特点和规律、经验与教训，并希冀以此来促进两岸因明学研究的交流与互动，共同推进中国因明学的发展与繁荣。

一　基于藏学传承的藏传量论研究

1949年以后，在台湾藏学传承的代表人物中，最值得一提的是欧阳无畏（1913—1991）。1934年秋，时年21岁的欧阳无畏前往西藏，在拉萨哲蚌寺出家为僧，最终获格西拉让巴最高学位候选资格，以至于造就了欧阳无畏“慧焰耀天，精义摄人”① 的学识。1952年到达台湾之后，继续从事藏传佛教的研究和人才培养，直到1991年圆寂。由于有系统研习“五部大论”（般若、中观、因明、俱舍、戒律）特别是“摄类”以及《释量论》的经历，又精通外文文献，加以具有现代眼光，欧阳无畏对藏传量论的把握非常深刻，先后发表的《陈那以后的量论》（1956）、《后期量论一瞥》（1957），可以说是现代学术视野与藏传量论双重背景下，在汉语系藏传量论研究中自觉建构量论研究体系的开山之作，其中许多内涵，如建构研究体系的自觉性、依一世嘉木样（1648—1721）的著作详述法称量论与月称中观量论的内在差别、对于古典量论的现代反思与批判等，均为其他研究者所未道。② 欧阳无畏的藏传量论研究之成就主要体现在以下几个方面。

（一）研究著述和讲授

在研究著作方面，主要有《宗喀巴传》（译著）、《僧尼游记》、《大旺调查记》、《重征片吟稿》等，均为其学习翻译、游记、调查报告以及关于个人在藏的学习经历、藏边风土人情与自己心得体会的相关文稿，但并未大量出版流通。在研究论文方面，主要有《喇嘛教之我见》《喇嘛教》《陈那以后之量论》《后

---

① 《欧阳无畏先生事略》，台北“国史馆”，馆藏号：1280030410001A。

② 鞠实儿主编：《当代中国逻辑学研究》，中国社会科学出版社2013年版，第470—471页。

期量论一瞥》《钵的疆域和边界》《藏边划界记》等近10篇研究论文。欧阳无畏到台湾后，曾受聘于政治大学和边政研究所讲授西藏文化、藏传佛教，培养藏学人才，其所讲授的内容主要植根于原典："论佛法，我只能老老实实地拿本经论来讲，离开经论不知道从何说起。"① 在藏传量论方面，欧阳无畏讲授过的文本包括《因明启蒙》《现观庄严论金鬘疏》《入中论善显密意疏》《释量论显明解脱道疏》《因明理论略明妙解金鬘美疏》等十多种藏学原典。

（二）传承《释量论》

《释量论》为印度法称因明"七部量论"之首，为藏传量论疏释规模之最。欧阳无畏于20世纪80年代开始传讲《释量论》，系统阐扬了《释量论》前三品的精髓，并予以大量的题校、补写，对文字、人物、背景、典故进行注释。欧阳无畏解读《释量论》之方式可从以下三个方面管窥。

一是对勘法尊译本。1981年中国佛教协会印行了法尊（1902—1980）《释量论·释量论释》，这是《释量论》的首次汉译出版。欧阳无畏在充分尊重法尊译本的同时，又在讲授中对该译本进行了对勘分析，如法尊《释量论》卷一有云："相违与果成，因及体可见，体生不成就，是为无义者，不可得四种。"② 欧阳无畏对照藏文在此页手稿中写道："原文五句衍译成四句，更译如后——相违与果成，因及体可见，自性不成无，有义四不得。"③ 欧阳无畏对法尊此处译为"不可得"持不同意见，并提醒学生思考法尊将此四句译为五句是否得当的问题。

二是对勘藏文。如欧阳无畏将《释量论》中的文句在页面最顶部用藏文写下原文，然后用红笔写下法尊译《释量论》卷一的翻译："所有从因聚，比知能生果，不待余义故，说彼是自性。因聚生果力，转变相系时，于果不决定，容有障碍故。"④ 随后，欧阳无畏对照藏文在此页手稿中写下他的翻译："凡是从因聚，比知生果者，不待他事故，说彼是自性。聚果诸能力，变化系联果，是唯不决定，有诸阻碍故。"⑤ 此种方式在其近万页的手稿中随处可见。

三是辩后再译，如对前述"相违与果成，因及体可见，自性不成无，有义

① 萧金松：《欧阳无畏教授（君庇亟美喇嘛）的学术贡献与影响》，《中国藏学》2011年第S1期。
② 法称：《释量论略解》，法尊译编，中国佛教协会，1982年，第64页。
③ 韩敬山：《欧阳无畏继承法尊法师文本的考察》，《法音》2021年第3期。
④ 法称：《释量论略解》，法尊译编，中国佛教协会，1982年，第64页。
⑤ 韩敬山：《欧阳无畏继承法尊法师文本的考察》，《法音》2021年第3期。

四不得”四句的翻译，欧阳无畏是经过深思熟虑的。他说：“如果不举例，跟大前提联系不起来。不要说人必有死，孔子是人，所以孔子会死。你这个是小前提，大前提是凡人必有死，小前提也就解决了。如果小前提这个小词不用孔子，用别的就会发生问题。你不用孔子，这个结论就得不出来。”① 可见，其翻译的前提是考虑前后含义的一致性，否则就会出现逻辑上的周遍问题。

（三）撰写《陈那以后之量论》

欧阳无畏在陈那、法称量论因明原典汉语疏释上的另一卓越贡献可推其《陈那以后之量论》一文，该文从十二个方面系统阐述了其对量论思想之见地，分别是：（1）陈那和汉土所传陈那量论著作；（2）陈那—法称以后的量论和藏传量论著作；（3）什么是量论；（4）量的定义和种类；（5）比量、比量的定义和“因”是“三条理则”；（6）分论三条理则；（7）成立每一条理则的论式；（8）法称以后量论中有关比量的若干重要学说；（9）我对法称以后量论价值的看法；（10）法称的论式量论和月称的破式量论；（11）月称“陷成派”的成立和他的量论学说；（12）佛教的量论随佛教灭亡于印度及余论。此中除概述陈那、法称量论历史外，另有几点核心内容值得注意。

首先，关于什么是“量论”，欧阳谓“量论是印度学人论究知识本身的学问”，后来的诸多学者亦将佛教量论称为“佛教知识论”。其次，比量中关于“因三相”的翻译，欧阳无畏称为“三理则”，“‘理则’两字是我给藏文 tshul 这个量论术语的新译”，“为了避免单译一个‘相’字，极容易和‘名相’的‘相’字的意义相混淆，改译为‘理则’”，“以三理则为正因所推理出来的新知，是即比量”。什么是“三理则”呢？“即‘宗法’、‘随遍’、‘倒遍’三者”，这与《释量论》“宗法彼分遍”② 的界定是一致的，并进一步分论了“三理则”详细内涵。再次，他认为佛教量论具有科学精神的价值，“量论家对敌论者，大、小、粗、细、任何名相，都不惮烦一一予以言诠，富有实事求是科学精神”。最后，佛教量论在印度的灭亡是由于月称“陷成派”的空观易于和后期神秘主义合流，走虚无主义的路子，不能给予信仰饥渴者以心灵的满足。以上论述代表了欧阳无畏关于藏传量论的佛学观和整体佛教史观。

---

① 韩敬山：《欧阳无畏继承法尊法师文本的考察》，《法音》2021 年第 3 期。

② 法称：《释量论略解》，法尊译编，中国佛教协会，1982 年，第 62 页。

欧阳无畏将藏传量论引介并传承到台湾，推动了台湾量论因明研究的进一步深入，其中较有代表性的当属其学生林崇安。林崇安系统地整理了欧阳无畏所译一世嘉木样的名著《因明理论略明妙解金鬘美疏》，并对《陈那以后之量论》一文做了校注。从其自身较有代表性的三篇成果《佛教因明表解》《印度因明源流略探——从〈大毗婆沙论〉来考察》和《佛教因明的探讨》可窥见其因明思想。首先，《佛教因明表解》一文将印度佛教因明的传承分为"释尊教化时期""部派结集时期""中观前弘时期""唯识摄化时期"和"中观后弘时期"，作为印度新因明之开创者和集大成者的陈那、法称属于"唯识摄化时期"。其次，《印度因明源流略探——从〈大毗婆沙论〉来考察》一文认为因明中所使用的"宗义"一词最早出现于《大毗婆沙论》，因明的源流可以追溯到释尊运用"破他"的辩证方式向他者开显真理，而后来佛教的逻辑都承袭了这种方法，包括"犹预破""说过破"和"除遣破"等均演化成了印度古因明的主流。此外，基于上述印度因明发展史的角度确立了因明的论辩特性，并表明藏传因明亦发挥了因明的论辩性质。[①] 最后，《佛教因明的探讨》对印度佛教的因明传承、汉藏因明论著的传译、论式的演变、量士夫的探讨等均作了全面性的介绍。

但是这一时期关于藏传量论的原典译述仍是基础工作，主要有 1994 年台湾明性法师译出萨迦班智达·贡嘎坚赞的《量理藏论》全本，书名题为《量理宝藏论》，由台北东初出版社出版，该译本为台湾研究萨迦派的量论学说提供了文本依据。此外还有刊于《正观杂志》2004 年第 31 期，由何健兴依梵本所译法上著《正理滴论广释·现量品》，以及 Gustav 的量论因明史著作《佛教知识论研究计划介绍》一文，立足台湾学界而展示国际量论视野走势，以为"现代学门的佛教学研究起源欧洲，发煌于日本，开花于北美"，亦将国际藏传量论的研究脉络一语道尽。[②] 另外相关专题学术会议的召开推动了台湾地区量论因明的发展进入深入拓展、继往开来的新局面，2006 年 6 月在台湾政治大学举办了"陈那与法称知识论讲座"，邀请桂绍隆、提勒曼作专题演讲，台湾地区的佛教量论研究也开始了国际研究视野的真正拓展。[③]

① 曾昭式：《论港台因明研究的三种偏向》，载郑堆等编《因明》第十二辑，甘肃民族出版社 2019 年版，第 265 页。

② 鞠实儿主编：《当代中国逻辑学研究》，中国社会科学出版社 2013 年版，第 488 页。

③ 鞠实儿主编：《当代中国逻辑学研究》，第 484 页。

二 基于比较逻辑的汉传因明研究

汉传因明的主要文本为陈那《因明正理门论》和商羯罗主《因明入正理论》，依据比较研究范式对上述文本展开研究主要是借用西方逻辑对汉传因明理论进行比较逻辑的探讨，进一步比较其优劣异同，故其逻辑观为西方逻辑。

陈大齐最早在台湾开设西方传统逻辑课程，并长期研究汉传因明，其代表著作为《因明大疏蠡测》和《因明入正理论悟他门浅释》，在这两本书中他从微观和宏观两个维度对两种不同的逻辑形态进行了比较研究。就微观层面来说，他认为能立中的“喻支相当于理则学（作者注：逻辑学）上的大前提，因支相当于理则学的小前提，且在字面上仅相当于理则学上的中词”①，“因明的有法是理则学上的小词”，又说因明“所作性故”中的“所作性”是“理则学上的中词”②。关于因三相中“遍是宗法性”之“遍”字，他认为“理则学既未设有‘是宗法’那样的规则，当然用不到讲“遍”与“不遍”。但理则学上另有规则，与因明的说‘遍’，其理正同”，原因在于“理则学在结论中，即在宗支中，限制其小词范围超越前提小词所涉及的范围，因明则在因支中，亦即在小前提中，要求小词所涉及的范围不得狭于结论中小词所涉及的范围。因支中小词的范围不狭于宗支中小词的范围，反过来说，就是结论中小词的范围不超越前提中小词的范围。所以因明于理则学所说，其结果完全相同”③。此外，就论式中的三支是否可以省略之问题，他认为“理则学的三段论法，任何一段都容许其省略，不过所省略的以一段为限，不得多至二段……因明的三支作法，在根本道理上虽与三段论法相同，但其三支之中，又有可以缺减的，不像三段论法那样任何一支都可以缺减”④。此类论述在陈大齐的研究著作中随处可见。其次，就宏观层面来说主要是通过微观比较之后将因明三支论式置于西方逻辑的学科框架中，得出因明论式的逻辑性质。如在比较中认为因明“比诸逻辑，量式甚简。逻辑推理，立有四格，一正三变，同为正量。因明同喻，因先宗后，不得倒合，因第一相，遍是宗法，不有有法。故因明量，俱属正格，余三变格，不

---

① 陈大齐：《因明入正理论悟他门浅释》，中华书局 2007 年版，第 50 页。

② 陈大齐：《因明入正理论悟他门浅释》，第 53 页。

③ 陈大齐：《因明入正理论悟他门浅释》，第 54 页。

④ 陈大齐：《因明入正理论悟他门浅释》，第 181 页。

顺因喻。逻辑正格，摄有六式，曰 AAA，曰 AAI，曰 AII，曰 EAE，曰 EAO，曰 EIO。因明所许，应唯第一”[①]。就此，他将因明三支论式的属性界定为逻辑六格之 AAA 式，并进一步分析探讨了因明论式的逻辑属性，说“逻辑三段论法，纯粹演绎，不摄余事，因明三支作法，于演绎中兼寓归纳，在三支作法中，同异喻体，既为归纳推理之结论，又为演绎推理之前提，归纳演绎，两俱有关。因后二相，局于归纳，无关演绎”[②]。因此，他将因明论式的逻辑属性界定为演绎兼归纳，至于二者的优劣问题，他说：“归纳演绎，其在逻辑，各相独立，归纳不必兼及演绎，演绎不必兼及归纳。因明寓归纳于演绎之中，每立一量，归纳一次。为两者之所不同。一度归纳，确定原则，此后建立比量，随时取为论据，以视每量必归纳者，其繁与简相去甚远。准此义言，因明繁冗，不若逻辑简便。”[③] 他就此下一断定，认为在具体的推论过程中因明不如逻辑简易，这是陈大齐的逻辑观。

除了陈大齐从西方传统形式逻辑对因明进行比较研究外，还有从西方其他逻辑类型与因明展开比较逻辑研究的范例。其中，何建兴《陈那逻辑理论探析》一文将陈那的比量理论称为“致知逻辑”便是一种代表，他认为比量的论证是推论者自身经特定的推论过程以获致推论知（或，比量知）之后，再将推论内容表诠为语句的结果。将此等论式显示于他人，使后者获得新知识的活动，称作“为他比量”。在此之前，则名为“为自比量”。故其使用“致知逻辑”来表征陈那的比量理论，与此不同，西方演绎逻辑具有严密的形式推演与蕴含关系，但一般并不能提供有关世界的新知识。继而，在“致知逻辑”的前提下探讨了陈那比量理论的逻辑性格，他通过一系列符号表达的蕴含逻辑关系虽然基本否定了因、喻证宗的类比形态或归纳兼演绎的综合形态，但最后仍然说“陈那的比量理论可说含有演绎法与归纳法的成素，却又同这二者有根本的差异”；并指出，法称是印度第一个建立演绎逻辑的哲学家。[④] 因此，可以看出何建兴仍然是基于西方式逻辑观以及西方式知识论的视角界定陈那、法称因明的逻辑性质的。此外，林福良在《陈那〈因明正理门论〉比量理论研究》中通过分析陈那逻辑的意涵与结构关系，认为陈那比量理论在现代逻辑眼光下，是一个实质上颇富

① 陈大齐：《因明大疏蠡测》，中华书局 2006 年版，第 111 页。

② 陈大齐：《因明大疏蠡测》，第 62 页。

③ 陈大齐：《因明大疏蠡测》，第 66 页。

④ 何建兴：《陈那逻辑理论探析》，《佛学研究中心学报》2002 年第 7 期。

归纳或类比因素与思维色彩，但具有明显演绎企图而以演绎型态为主轴的独立逻辑体系[①]。释水月《古因明要解》一书亦不同程度地从传统逻辑类比推论和传统命题逻辑的角度对《方便心论》《瑜伽论》《集论》和《如实论》等传统古因明著作的因明思想进行了解读。还有王文方从逻辑哲学、数理逻辑的角度探讨了龙树中观四句论证的问题，并对因明学中的“因三相”标准与传统逻辑、现代非形式逻辑做了比较。

另外值得一提的是，大陆及香港因明学者在台湾出版的著作、论文亦充实了台湾地区汉传因明的比较研究，如沈剑英主张因明三支论式为演绎性逻辑，其《因明学研究》1985 年出版以后，1991 年台湾《中华佛教百科》收录了该书中部分文字，1994 年台湾智者出版社出版了该书的繁体字本。《佛家逻辑》在北京开明出版社 1992 年出版后，亦由台湾商鼎文化出版社将此书列入“佛家名著选刊”，于 1994 年印行。吴汝钧擅长从符号逻辑、语句逻辑的角度研究中观逻辑，其于台湾《狮子吼》《中华佛学学报》出版的《佛教与逻辑》《印度中观学的四句逻辑》等也较为注重从语句角度对比量进行研究。

三　瑜伽行—唯识学与佛教量论研究

无论是从因明学在佛教经论中的起源角度来看，还是从现代学术研究所关注的文化背景视角分析，因明学与唯识学的关系都甚为密切。70 年来，台湾量论因明研究的一个重要偏向就是将量论因明与唯识学结合起来，总体呈现出三种趋势：一是从唯识学历史演进中的论典中析出因明学的演化进程；二是从量论因明中的核心概念尤其是“现量”“自证”等观念探讨其中所蕴含的唯识成分；三是基于现代西方学术尤其是现象学的立场对量论因明作比较哲学的研究。

第一种情形下的研究背景主要是由于“因明”这一具有学科意义的概念主要源于唯识经典《瑜伽师地论》卷十五“闻所成地”中所阐述的“七因明”体系，包括“论体性”“论处所”“论所依”“论庄严”“论堕负”“论出离”“论多所作法”七种关乎因明论辩的诸所有事，而其中“论所依”部分则系统阐述了因明之论证诸要素及其结构和规则。到无著《显扬圣教论》则将“七因明”之主要议题改为“七论法”，进而于《大乘阿毗达摩集论》中又改为“论轨抉

---

① 林福良：《陈那〈因明正理门论〉比量理论研究》，政治大学，硕士学位论文，2003 年。

择”，在概念上更加突出了论辩的理性要求。到安慧《大乘阿毗达摩杂集论》卷十六则更加明显地表达了随顺现量和比量而非随顺圣教之立场，此一微细的历史演进实则为后来陈那在佛教因明史上取消圣言量之性格转向提供了坚实的理论基础。基于唯识学历史演进中的论典而探讨唯识学的因明含意在台湾地区涌现出了不少研究成果。

首先，关于因明思维方式在早期唯识经典中的应用，林镇国教授在台湾政治大学哲学系专门开设了唯识学系列课程，将唯识宗经典研读作为核心课程，其本人著有《初期大乘瑜伽行派真理与方法的问题》（2007）一文，探讨了早期唯识宗中鉴别真理的方法论问题，为因明逻辑运用的雏形。方台兰《世俗譬喻与解甚深义：〈解深密经〉譬喻之研究》探讨了唯识经典《解深密经》是如何运用因明之“喻式论证”来进行辩护的①。释惠敏《佛典中“唯”的二类否定意义对中国佛学研究的提示》探讨了《瑜伽师地论》中关于“唯”字运用的二类否定意义②。

其次，关于唯识中阿赖耶识的论证到底是随顺圣教还是随顺正理的问题，是因明学中的一个重要议题，相关研究有陈一标的《〈解深密经〉中的阿陀那识》③、赖珍瑜的《菩萨戒戒体与唯识种子思想之关系》④、郭翠兰的《〈摄大乘论〉“种子起因说”之探究》⑤ 等分别探讨了《解深密经》《瑜伽师地论》和《摄大乘论》中唯识学的阿赖耶识种子理论。

最后，相关概念探讨的研究论文还包括李秀真《〈阿毗达摩大毗婆沙论〉业论研究》探讨了无表业、无表色与无表戒之间的关系⑥。颜建益《〈阿毗达摩大毗婆沙论〉中有相关议题之探究：以“中有救度”为核心》讨论了《顺正理论》和《俱舍论》中的法体与时间的关系⑦。还有陈世贤的《〈成实论〉“三心”思想之研究：对于假名心、法心、空心的解析》⑧ 和陈坤华的《〈摄大乘论〉唯识

① 方台兰：《世俗譬喻与解甚深义：〈解深密经〉譬喻之研究》，玄奘大学，硕士学位论文，2006 年。

② 释惠敏：《佛典中“唯”的二类否定意义对中国佛学研究的提示》，载台北艺术学院《佛教与中国文化国际学术会议论文集》中辑，1995 年，第 399—420 页。

③ 陈一标：《〈解深密经〉中的阿陀那识》，玄奘人文社会学院，硕士学位论文，2003 年。

④ 赖珍瑜：《菩萨戒戒体与唯识种子思想之关系》，中华佛学研究所，硕士学位论文，2002 年。

⑤ 郭翠兰：《〈摄大乘论〉“种子起因说”之探究》，中华佛学研究所，硕士学位论文，1996 年。

⑥ 李秀真《〈阿毗达摩大毗婆沙论〉业论研究》，玄奘人文社会学院，硕士学位论文，2003 年。

⑦ 颜建益：《〈阿毗达摩大毗婆沙论〉中有相关议题之探究：以“中有救度”为核心》，华梵大学，硕士学位论文，2003 年。

⑧ 陈世贤：《〈成实论〉“三心”思想之研究：对于假名心、法心、空心的解析》，辅仁大学，硕士学位论文，2000 年。

思想与修行实践关系之研究》① 等。

第二种情形主要是从认识论、感觉论和知识论的角度对陈那、法称量论因明中的“现量”观念进行唯识学立场的研究，何建兴的硕士论文②和博士论文③在这方面均有涉及，另外还包括他的《陈那论感官知觉及其对象》④《佛教量论的宗教意义》⑤《“不可说”的吊诡》⑥《意识、目击识与纯粹意识》⑦ 等多篇文章。还有一系列的论文如林镇国《陈那〈观所缘论〉的认识对象：从真谛与玄奘译本异同谈起》⑧，陈宗元《陈那唯识理论的初探：以〈集量论·现量章〉为中心》⑨《法称唯识立场之研究》⑩，姚治华《非认知与第三量》⑪、李秋奉《陈那现量理论及其汉传诠释》⑫、释德侹《调伏天〈正理滴论广释·现量品〉之研究》⑬、陈淑珠《显现、理解与现证：以格鲁派“七部量论入门”“认知学”“宗义”著作之四种境认识论为中心》⑭、刘启霖《月称对陈那量论的批判：〈明句论—观缘生品〉藏译本之译注与研究》⑮ 等。

第三种情形是基于西方现代学术尤其是现象学的立场对量论因明作比较哲学的研究。陈那《集量论》说：“意亦义贪等，自证无分别，瑜伽师所教，无杂见唯义，分别亦自证，非于义分别。”⑯ 陈那量论因明中把“现量”的种类分为五根现量、意现量、自证现量和瑜伽现量四种，又说：“有作用证故，即果能量

---

① 陈坤华：《〈摄大乘论〉唯识思想与修行实践关系之研究》，玄奘大学，硕士学位论文，2006 年。

② HO Chien-Hsing, *What Do We See? An Essay on Dignga's Concept of The Object of Perception*, Thesis, Master of Philosophy, Department of Philosophy, Delhi University 1994.

③ HO Chien-Hsing, *Sense Experience and Language in the Indian Classical Buddhist*, *Nyya and Grammarian Philosophies*, Ph. D. Thesis, Department of Philosophy, Delhi University 1998.

④ 何建兴：《陈那论感官知觉及其对象》，《正观杂志》2001 年第 17 期。

⑤ 何建兴：《佛教量论的宗教意义》，《揭谛学刊》2002 年第 4 期。

⑥ 何建兴：《“不可说”的吊诡》，《世界宗教学刊》2003 年第 2 期。

⑦ 何建兴：《意识、目击识与纯粹意识》，《世界宗教学刊》2004 年第 4 期。

⑧ 林镇国：《陈那〈观所缘论〉的认识对象：从真谛与玄奘译本异同谈起》，此文为林镇国教授在台湾哲学学会 2007 年度学术研讨会上作的学术报告。

⑨ 陈宗元：《陈那唯识理论的初探：以〈集量论·现量章〉为中心》，《法光学坛》1997 年第 1 期。

⑩ 陈宗元：《法称唯识立场之研究》，《中华佛学研究》1997 年第 1 期。

⑪ 姚治华：《非认知与第三量》，《政治大学哲学学报》2007 年第 17 期。

⑫ 李秋奉：《陈那现量理论及其汉传诠释》，政治大学哲学研究所，博士学位论文，2012 年。

⑬ 释德侹：《调伏天〈正理滴论广释·现量品〉之研究》，中华佛学研究所，硕士学位论文，2003 年。

⑭ 陈淑珠：《显现、理解与现证：以格鲁派“七部量论入门”、“认知学”、“宗义”著作之四种境认识论为中心》，中华佛学研究所，硕士学位论文，2007 年。

⑮ 刘启霖：《月称对陈那量论的批判：〈明句论—观缘生品〉藏译本之译注与研究》，政治大学，硕士学位论文，2009 年。

⑯ 陈那：《集量论略解》，法尊译编，中国社会科学出版社 1982 年版，第 4 页。

度，亦设立为量，亦非无作用，又自证为果，由彼体义定，境相即此量。”① 自证现量的当下就是量果，也就是说，唯识自证的结果并非由自证的心识去证知所证的对象来成就自证量果，而是说唯识自证的当下过程即是量果的呈现。可见，心识的自我证知作用，即自证，不仅是印度唯识学一直探讨的问题，亦是佛教量论学派一直在延续讨论的议题。而将唯识学、量论因明学中的“现量”“自证”等观念与西方现象学、心理学进行比较哲学的研究，这是近几十年来台湾因明学研究的一种新趋势，涌现出了很多研究成果。吴汝钧两卷本的《唯识现象学》② 是专题探讨安慧与护法有关世亲《三十颂》不同诠释的中文论著，分别根据安慧《唯识三十颂释》和《成唯识论》来解读世亲、护法及安慧③，陈荣灼《唯识宗与现象学中之“自我问题”》④、姚治华《论陈那的自证说》⑤、赵东明《陈那“自证”理论探析：兼论〈成唯识论〉及窥基〈述记〉的观点》⑥ 等深度考察了唯识因明中“自证”概念内涵与现象学的关系，蔡瑞霖《因明与比量：关于量论的现象学考察》⑦ 一文则直接将因明比量与现象学进行比较。此外还有王信宜《荣格心理学与佛教相应观念之研究》⑧、白聪勇《唯识学与心理学有关潜意识分析之比较》⑨ 等都对此作了进一步的探讨。

四　台湾地区因明学发展的问题与反思

通过梳理台湾地区因明学研究70余年的发展趋势，就目前的研究现状而言，针对藏传因明、汉传因明和唯识因明等的研究产生了较多的成果，主要集中在因明原典译释、比较逻辑、比较哲学等研究领域，体现出范围广、交叉多的特点。但是纵观台湾学界因明学科的发展历程，仍存在诸多问题，主要表现在以下几个方面。

---

① 陈那：《集量论略解》，法尊译编，中国社会科学出版社1982年版，第6页。

② 这两卷本的《唯识现象学》分别是《唯识现象学（一）：世亲与护法》和《唯识现象学（二）：安慧》，均由台北学生书局2002年出版。

③ 刘宇光：《汉语学界唯识学研究一甲子回顾：1949—2011年》，《汉语佛学评论》2013年第00期。

④ 陈荣灼：《唯识宗与现象学中之“自我问题”》，《鹅湖学志》1995年第15期。

⑤ 姚治华：《论陈那的自证说》，《现象学与人文科学》2007年第3期。

⑥ 赵东明：《陈那“自证”理论探析：兼论〈成唯识论〉及窥基〈述记〉的观点》，《圆光佛学学报》2006年第10期。

⑦ 蔡瑞霖：《因明与比量：关于量论的现象学考察》，《法光学坛》1999年第3期。

⑧ 王信宜：《荣格心理学与佛教相应观念之研究》，中山大学（台湾），硕士学位论文，2005年。

⑨ 白聪勇：《唯识学与心理学有关潜意识分析之比较》，玄奘大学，硕士学位论文，2007年。

（一）研究形态的偏向容易导致因明文化缺失本真

台湾地区70余年因明研究的文化背景大略由三部分构成。其一是1945年以前日据时期的逻辑学背景，日据时期台湾帝国大学即今日之台湾大学的逻辑学发展至今已逾百年，而因明学本身长期都被视为逻辑学的一个分支，为世界三大逻辑体系之一，故基于逻辑学背景下的因明研究就展现为一种比较逻辑的研究态势。其二是1949年以后至20世纪80年代，主要是大陆学者的输入，带入了中国传统文化在宗教、哲学意义上的元因素，因此这一时期的因明研究虽然贯穿了比较逻辑研究，但更重要的价值是探索出了一条本土化研究的形态。其三是20世纪80年代以后，随着台湾地区融入西方政治、经济、文化，更多呈现出一种国际视野，西方哲学和宗教的传入使台湾本地因明研究走向了比较哲学的研究。这是台湾学界因明研究的三种趋势。虽然台湾学界因明学比较逻辑和比较哲学研究型态的发展与演进过程，对因明学的发展有很好的推进意义，但是基于因明学的比较研究一直以来都备受争议，尤其是三四十年来随着中国大陆学者对逻辑观和哲学观问题的反思，将因明学置于西方逻辑、西方哲学的学科框架背景下去研究是否一种合理的方法，存批判的意见众多，总体认为这样的研究模式容易使因明文化缺失本真。因此，更重要的是要将因明研究置于佛教逻辑、佛教哲学的历史文化背景下进行观照，同时还要置于台湾历史文化背景下进行观照，这样不仅有利于台湾因明学与大陆因明学的融合、贯通，还可以丰富因明学研究的内容，以便推动台湾地区因明学研究的发展。

（二）缺乏专门的研究机构和社会组织

台湾地区目前没有一个因明研究的专门机构和社会组织，不仅因明学研究状况如此，就连与因明学最密切相关的逻辑学，自1949年以来，在台湾170余所大学中亦没有一所大学设立专门的逻辑学研究机构。除林镇国教授在政治大学哲学系设立一系列印—藏与中国哲学的研究生课程专门研究唯识学议题，以及台湾师范大学国文研究所、台湾大学中华佛学研究所等开设藏文和藏传佛教课程，培养硕士生、博士生外，[1] 迄今为止台湾地区仍没有任何因明学研究的专门机构和社会组织，这也说明台湾的教育主管部门对因明学研究的重视程度不够。反观大陆，自

① 索南才让：《台湾地区的藏传佛教研究》，《青海民族学院学报》（社会科学版）2009年第4期。

2006年于杭州成立中国逻辑学会因明专业委员会，并召开首届全国因明学大会暨首届国际因明学大会以来，已经连续举办过十六届全国因明学大会，每一届大会均出版一本《因明》杂志，详录大会论文，换任过三届理事会，可谓盛况空前。并且在中山大学、中国人民大学、复旦大学、西南民族大学等十余所高校中均有专门的因明学课程教学体系和因明学硕博人才培养体系，只不过主要置于逻辑学、中国哲学、宗教学等学科中。不过可喜的是2021年贵州大学成立了全国首家因明学专门研究机构即“贵州大学佛教量论因明研究院”。而在台湾地区既没有专门的因明学研究机构，也尚无相关社会组织，更没有专供学术交流的期刊平台，因明学的研究与发展全靠少数学者的独立研究、发表、推动。

（三）针对因明研究为主题的两岸交流较为匮乏

因明学在中国的传播分为汉传因明和藏传量论，前述台湾地区因明学研究的发展主要也是基于这两支而展开，藏传一系包括藏传佛教和藏传因明的研究，汉传一系包括汉传佛教尤其是唯识学与汉传因明的研究。而两岸的因明学系属同根同源：首先，两岸有共同的历史文化背景、语言环境，在中华优秀传统文化和思维模式上有着共同历史文化和语言空间。其次，两岸因明的发展有着共同的文献典籍和史料，台湾地区因明学研究的基础材料主要是大陆学者的输入，均属于中国因明学的范围。最后，两岸因明学的发展有着共同的历史阶段，大陆因明学在1949年以前仍然是沿袭清末、民国时期西学东渐以来的比较研究范式，20世纪80年代之前亦基本处于低谷时期，之后才呈现出继往开来的新局面。因此，两岸因明学在往来交流上有着诸多的共同因素，并且台湾学界因明学在未来要获得长足的发展，亦须通过与大陆学界互动，形成完整的中国因明文化圈。虽然在大陆举办的因明学会基本每届都有邀请台湾学者参加，如台湾阳明大学王文方教授曾连续多次来访大陆参加因明学年会并在多所高校开展讲座，但都属个别学者的独立交流，未形成团队。所以还需期待在将来从学术会议、学术讲座、访学和交换生等多方面开展因明相关主题的两岸交流，发挥台湾学者在文献研究、外语习得等方面的优长，共同促进两岸因明研究的发展。

［基金项目：2020年度国家社会科学基金冷门绝学重大项目（编号：20VJXT011）］

（本文编辑：王克喜）

The Status quo and Problem of Hetuvidyā Research in Taiwan

GAN Wei

Abstract: Since 1949, three trends of Hetuvidyā research in Taiwan could be identified. First, it is the Tibetan Hetuvidyā research represented by OUYANG Wuwei, and LIN Chongan, whose studies feature a faithful interpretation of Tebetan texts. The second trend is the study of Han Hetuvidyā with CHEN Daqi and HE Jianxing as its representative figures. This trend is characteristic of a theoretical reconstruction of Han Hetuvidyā by means of a logical concept of Western way. The third trend is the study of Yogācāra-Cittamatra and Buddhist Hetuvidyā, of which three positions could be identified: Cittamatra, Epistemology and Comparative Philosophy. This paper attempts to delve into the origin and development of the study of Hetuvidyā in Taiwan, and points out that the Hetuvidyā research in both the Mainland China and Taiwan shares the same root. In view of its deficiencies in research form and social influence, Hetuvidyā research in Taiwan should strengthen its interaction with mainland Hetuvidyā research and promote the development and prosperity of Chinese Hetuvidyā research through cross-strait communication.

Keywords: Taiwan; Hetuvidyā; Buddhism

学术评论

对多结论逻辑后承的一个新解读

梁　飞
（山东大学哲学与社会发展学院）

摘　要：“逻辑后承”是逻辑学研究的核心概念，它表达从“什么”逻辑地推出“什么”的关系，不同的逻辑承诺了不同的逻辑后承。一般认为，逻辑后承关系是关于前提集和单个结论之间的关系，而多前提与多结论的逻辑后承往往被认为是不符合直觉的。雷斯托在逻辑推理主义的背景下，基于融贯性的概念，从双边主义的角度重新对多结论逻辑后承关系进行解读。这一解读受到了史坦伯格的强烈批评并面临解读过弱的问题。本文在雷斯托解读的基础上，提出一种对多结论逻辑后承的新解读，并论证这种解读一方面能够免于史坦伯格的批评，另一方面它能够克服雷斯托解读过弱的问题。

关键词：多结论逻辑后承；逻辑推理主义；双边主义

一　多结论逻辑后承

“逻辑后承”（logical consequence）是逻辑学研究中的核心，它表达了从“什么”逻辑地推出“什么”的关系，不同的逻辑承诺了不同的逻辑后承。逻辑后承一般被理解为多个前提与单个结论之间的关系（下称“单结论逻辑后承”），记作：X ⊢ A.[①] 这一关系既可以从语义上也可以从语形上加以定义。塔斯基在1936年发表的《逻辑后承概念》[②] 一文中从语义上对逻辑后承提出了精确的定义，他认为，句子A是句子集X的逻辑后承，当且仅当，X的每

---

① 本文使用X，Y，Z（或加下标）表示任意句子的集合，并允许为空集。⊢既表示语义后承也表示句法后承。

② Tarski, A., “Über den Begriff der logischen Folgerung”, *Actes du Congrès International de Philosophie Scientifique*, 1936, 7: 1–11. 此处的德文篇名大致对应英文“On the Concept of Logical Consequence”。

个模型也均为 A 的模型。它通常被理解为，若 X 中的每个句子在模型 M 下为真，那么 A 也在 M 下为真。从语形上看，逻辑后承表达的是句子 A 可由句子集 X 推导出，这里的“推导”由逻辑系统中的具体推理规则来定义。单结论后承表现出前提集与结论中句子数量之间的不对称性，这是由于它更自然地刻画了我们的推理实践，即从已知的前提出发，通过逻辑推理我们确切地能够得到什么结论。

顾名思义，多结论逻辑后承是多个前提与多个结论之间的关系，记作：X ⊢ Y，它是单结论逻辑后承的扩展。多结论逻辑后承之所以得到学界重视，源于甘岑（G. Gentzen）在《对逻辑演绎的研究》[①] 中，基于多结论逻辑后承，为经典逻辑构造了矢列演算 LK。他提出了一种从证明论的角度统一处理经典逻辑与直觉主义逻辑的方式，即直觉主义逻辑矢列演算 LJ 是 LK 将结论集 Y 的基数限制在 0 或 1 的结果。此外，卡尔纳普在其著作《逻辑的形式化》[②] 中提出了逻辑的范畴性（categoricity）问题。他认为，如果使用单结论逻辑后承，那么对经典逻辑来说，逻辑后承的语形定义与语义定义是不等价的，例如，语形定义无法排除非布尔赋值的出现。[③] 这一问题可以在多结论逻辑后承中得以解决。涅尔（W. Kneale）在《逻辑的范围》一文中为经典逻辑构造了一个建立在多结论逻辑后承基础上的自然演绎系统。[④] 与单结论逻辑后承类似，多结论逻辑后承也可以从语义与句法两个角度对它定义。语义上，句子集 Y 是句子集 X 的逻辑后承，当且仅当，若 X 在模型 M 下为真，那么至少存在一个 Y 中句子 A 也在 M 下为真。语形上，多结论逻辑后承表达的是句子集 Y 中至少有一个句子 A 可由 X 推导出。舒史密斯与斯梅里（D. J. Shoesmith & T. J. Smiley）在《多结论逻辑》[⑤] 一书中从证明论与模型论上对基于多结论逻辑后承的逻辑进行了系统研究。然而，由于多结论逻辑后承形式上看缺少与推理实践的联系，在实际的逻辑推理中似乎并没有与之对应的推理形式。能否为

---

① Gentzen, G., “Untersuchungen über das logische Schliessen”, *Mathematisches Zeitschrift*, 1935, 39: pp. 176 – 210, pp. 405 – 431. 此处的德文篇名大致对应英文“Investigations into Logical Deduction”。

② Carnap, R., *Formalization of Logic*, Cambridge, MA: Harvard University Press, 1943.

③ 如存在赋值 v，使得对任何句子 A，v(a) 均为真。这样的赋值满足语形定义中的推导关系。但并不是语义定义中所考虑的赋值。

④ Kneale, W., “The Province of Logic”, in H. D. Lewis (ed.), *Contemporary British Philosophy*, Third series, London: Allen & Unwin, 1956, pp. 237 – 261.

⑤ Shoesmith, D. J. and Smiley, T. J., *Multiple-conclusion Logic*, Cambridge: Cambridge University Press, 1978.

多结论逻辑后承提供符合推理实践的解读并用它来作为逻辑推理的形式刻画，成为后来学者关注的焦点。一些学者认为，无法为多结论逻辑后承提供推理实践的解读，也无法为多结论逻辑后承提供合理辩护，如达米特、拉姆菲特（I. Rumfitt）等[①]。相反，斯梅里、雷斯托（G. Restall）等则试图为其提供合理性的辩护[②]，这其中最具代表性的是雷斯托在逻辑推理主义（logical inferentialism）的背景下，从“断定”（assertion）和“否认”（denial）两种言语行为（speech act）双边主义（Bilateralism）的角度对多结论逻辑后承进行解读，[③] 他认为 $X \vdash Y$ 表达了同时断定 X 中的每一个命题但否认 Y 中的每一个命题是不融贯的（incoherence）。不同的逻辑承诺了不同的融贯性标准。但是，多结论逻辑后承遭到了史坦伯格（F. Steinberg）的强烈反对[④]。作者在《言语行为视域下的多结论逻辑结果》中针对史坦伯格的批评为雷斯托的解读做了初步辩护。本文将在雷斯托的解读上提出一种对多结论逻辑后承关系的新解读，并论证这种解读一方面能够免于史坦伯格批评；另一方面，较之于雷斯托的解读，这一解读更符合日常推理的直观。

二 逻辑推理主义

本文在逻辑推理主义的背景下讨论多结论逻辑后承，在此之前，首先介绍逻辑推理主义的基本内涵与内部的分歧。

逻辑推理主义，又称证明论语义（proof theoretical semantics），它所关注的是逻辑后承的语形定义。在用语形定义逻辑后承时，前提与结论之间的“推导”关系是由逻辑系统中具体推理规则所定义的，这些推理规则是涉及“逻辑常项”（logical constant）的推理规则。甘岑在《对逻辑演绎的研究》一文中

---

① Dummett, M., *The Logical Basis of Metaphysics*, Cambridge, MA: Harvard University Press, 1991; Rumfitt I., “‘Yes’ and ‘No’”, *Mind*, 2000, 109, pp. 781 – 823.

② Shoesmith, D. J. and Smiley, T. J., *Multiple-conclusion Logic*, Cambridge: Cambridge University Press, 1978; Restall, G., “Multiple Conclusions”, in *Logic, Methodology and Philosophy of Science: Proceedings of the 12th international Congress*, London: Kings College Publications, 2005, pp. 189 – 206; Dicher, B., “Hopeful Monsters: A Note on Multiple Conclusions”, *Erkenn*, 2020, 85, pp. 77 – 98.

③ Restall, G., “Multiple Conclusions”, in *Logic, Methodology and Philosophy of Science: Proceedings of the 12th international Congress.* London: Kings College Publications, 2005, pp. 189 – 206.

④ Steinberg, F., “Why Conclusions Should Remain Single”, *Journal of Philosophical Logic*, 2011, 40, pp. 333 – 355.

从数学推理实践出发，为直觉主义逻辑构造了自然演绎系统 NJ，其中他将涉及逻辑常项的推理规则分为两类：一类称为引入规则，另一类称为消去规则，例如合取词∧：

$$\text{引入规则：}\ \frac{A,\ B}{A \wedge B} \qquad \text{消去规则：}\ \frac{A \wedge B}{A} \qquad \frac{A \wedge B}{B}$$

前者给出了逻辑常项的定义，即在什么条件下能够使用⊃；后者则规定了使用⊃进行演绎推理能够得到什么推论结果。这两类规则规定了逻辑常项在演绎推理实践中的作用。我们通过掌握涉及一个逻辑常项的推理规则来把握这个逻辑常项的意义，进而进行具体的逻辑推理实践。逻辑推理主义的这一想法与维特根斯坦后期提出的“意义就是用法”思想不谋而合。它与用“真”“假”等语义概念来定义逻辑常项的想法有着根本上的不同，后者是外延式的而前者是内涵式的。例如，从经典逻辑的语义上来看，A∨B 与～（～A∧～B）是无法区分的，但从推理规则上来看，二者涉及的逻辑常项的规则不同。

然而，并不是任意的规则都能够定义逻辑常项。在普莱尔（A. N. Prior）著名的文章《可以畅行的推理券》中[1]，他设想了一个逻辑常项 Tonk，其引入与消去规则如下：

$$\text{引入规则：}\ \frac{A}{A\ \text{Tonk}\ B} \qquad \text{消去规则：}\ \frac{A\ \text{Tonk}\ B}{B}$$

若这样的引入与消去规则确实定义了逻辑常项 Tonk，那么很容易得到如下不足道（trivial）的结论：

1. A	假设
2. A Tonk B	1，Tonk 引入
3. B	2，Tonk 消去

① Prior, A. N., “The Runabout Inference-ticket”, *Analysis*, 1960, 21, pp. 38 – 39.

也就是说，我们可以从任意命题 A 出发，逻辑地推出任意命题 B。那么什么样的规则才能够作为定义逻辑常项的推理规则呢?① 贝尔纳普认为，任何用以界定新常项所列出的引入和消去规则都应具有“保守性”（conservativity），即新增加的逻辑常项的引入和消去规则，不会影响到添加前系统中的推理关系。② 在 Tonk 例子中，如果接受合取的规则，那么我们无法得到 A $\vdash$ A $\wedge$ B，但在引入 Tonk 后，这一推理关系成立。因此 Tonk 的规则不满足保守性，从而 Tonk 的规则并不能定义一个新逻辑常项。在保守性的定义中，需要从一个预先接受的逻辑系统出发，针对预先的系统是什么，逻辑推理主义内部发生了分歧。

主流的推理主义者认为③，这个预先的系统就是 NJ，唯一正确的逻辑是直觉主义逻辑。其最主要的理由是 NJ 很直观地刻画了演绎推理实践中的推理形式，并且符合上述推理主义的基本思想。他们认为，X $\vdash$ A 表达的是：若断定 X 中的每一个命题，那么就可以断定 A。以上文所举的合取规则为例，它的引入规则表达的是：若断定 A 并且断定 B，那么就可以断定 A $\wedge$ B。类似地，两个消去规则分别表达了：若断定 A $\wedge$ B，那么就可以分别断定 A 和 B。这种从“断定”这一言语行为对逻辑后承的解读被称为“单边主义”（unilateralism）。其核心思想是，逻辑常项的意义由“断定”的言语行为（或“接受”态度）下的引入和消去规则规定。引入规则表达了在什么条件下能够断定（接受）该语句；消去规则表达了断定（接受）该语句后，能够做什么样的逻辑推断。尽管我们在推理实践中也有“否认”这一言语行为下的推理，但否认 A 可以被化归为断定 ~A。根据经济性原则，我们没有必要再去考虑否认下的推理。

这一立场一般对经典逻辑持拒斥态度。持这一立场的人认为，经典逻辑不能为演绎推理实践提供合理的形式刻画。这是因为经典逻辑的自然演绎系统 NK 是在 NJ 的基础上增加了关于“否定词” ~的新规则：

---

① 关于定义逻辑常项推理规则的标准，除了下述的保守性外，还有和谐性（harmony）、正规化（Normalization）等，具体参见 Prawitz, D., *Natural Deduction: A Proof-Theoretical Study*, Stockholm: Almqvist & Wicksell, 1965; Dummett M., *The Logical Basis of Metaphysics*, Cambridge, MA: Harvard University Press, 1991。本文为方便起见，只讨论保守性。

② Belnap, N. D., “Tonk, Plonk and Plink”. *Analysis*, 1961, 23, pp. 130 – 134.

③ Prawitz, D., *Natural Deduction: A Proof-Theoretical Study*, Stockholm: Almqvist & Wicksell, 1965; Dummett M., *The Logical Basis of Metaphysics*, Cambridge, MA: Harvard University Press, 1991; Tennant, N., *The Taming of the True*, Oxford: Clarendon Press, 1997.

双重否定消去规则（DNE）：$\dfrac{\sim\sim A}{A}$

然而，这一规则不满足保守性：在经典逻辑中皮尔斯律（Pierce's law）：[（B⊃ A）⊃ B］⊃ B 成立，但它在 NJ 中并不成立。因此，基于与拒斥 Tonk 的同样理由，DNE 并不是定义逻辑常项的规则。

与主流立场不同，在推理主义内部，一些学者并不同意仅仅从单边主义立场来理解逻辑后承，进而仅从断定这一言语行为来规定逻辑常项的意义。拉姆菲特（I. Rumfitt）认为，在一些情境下，否认 A 并不能够还原为断定 ~ A。设想我们关于伊丽莎白一世的所有资料都有意地被销毁了。这个时候考虑如下命题，"伊丽莎白一世在死亡时是秃头"。由于原则上我们没有任何证据能够断定这个命题，那么根据直觉主义的立场，我们应该否认这个命题。但此时，我们仍没有任何理由去肯定"伊丽莎白一世在死亡时不是秃头"这一命题。[①] 因此，他提出应从"断定"与"否认"双边主义立场来理解逻辑后承，"否认"对规定逻辑常项的意义有同等重要的作用。此外，他还为经典逻辑构造了加标自然演绎系统。这一系统中既包括了在断定行为下逻辑常项的引入与消去规则，也包括了在否认行为下逻辑常项的引入与消去规则。基于此，拉姆菲特论证了经典逻辑能够为演绎推理实践提供形式刻画。但是，他并不认为能够为多结论逻辑后承提供符合演绎推理实践的或可理解的解读。

三　对多结论逻辑后承的一种基于"融贯性"的解读

雷斯托在 2005 年《多个结论》一文中提出了对多结论逻辑后承的一种基于"融贯性"的解读。[②] 一方面，他同意逻辑推理主义的双边主义立场。他认为，从发生学的角度来看，"否认"比"否定"更基始，即使一个语言中没有否定词，但仍可以做否认的行为。而且，对否定词的一些非经典理解许诺了能够同时断定（或否认）A 和 ~ A 的情况。此外，从规范性的角度来说，仅断定一种

---

① Rumfitt, I.,"'Yes' and 'No'", *Mind*, 2000, 109（436）, pp. 781 - 823.

② Restall, G.,"Multiple Conclusions", in *Logic, Methodology and Philosophy of Science: Proceedings of the 12th international Congress*, London: Kings College Publications, 2005, pp. 189 - 206.

言语行为来理解逻辑后承会带来过强的解读。① 因此，不能从单边主义立场来解读逻辑后承。另一方面，与拉姆菲特不同，他并不认同从单结论逻辑后承的角度为双边主义辩护。相反，他认为单结论逻辑后承只是多结论逻辑后承的特殊情况。基于多结论逻辑后承，不仅可以为经典逻辑提供符合推理主义的辩护，也能够为一大批非经典逻辑提供辩护。本部分将具体介绍雷斯托对多结论逻辑后承的解读以及面临的主要挑战。

雷斯托在讨论中所使用的证明论系统并不是自然演绎系统，而是甘岑矢列演算。相较于前者，后者更适合刻画多结论逻辑后承。矢列演算中的规则分为结构规则与联结词规则两类，前者不涉及逻辑常项，反映出推理结构之间的性质，如：

弱化规则：$\dfrac{X \vdash Y}{X, A \vdash Y}$ $\dfrac{X \vdash Y}{X \vdash Y, A}$

后者分为左规则与右规则，它的作用与自然演绎系统中规则类似，它们共同规定了逻辑常项的意义。例如：

合取左规则：$\dfrac{A, B, X \vdash Y}{A \wedge B, X \vdash Y}$ 合取右规则：$\dfrac{X \vdash A, Y \quad X \vdash B, Y}{X \vdash A \wedge B, Y}$

一般认为，左规则相当于自然演绎系统中的消去规则，右规则相当于引入规则。在甘岑的原初解读中，$A_1, \cdots A_n \vdash B_1, \cdots B_k$的意思是$A_1 \wedge \cdots \wedge A_n \supset B_1 \vee \cdots \vee B_k$。这一解读依赖于所讨论的语言中包含合取与析取。但如此一来，考虑上述关于合取的规则，从逻辑推理主义的角度来看，这样对逻辑常项的定义是循环的。与甘岑的解读不同，雷斯托认为，逻辑后承应用于调控（regulate）认知主体的认知状态及其内容。我们可以通过认知主体接受的命题集合与拒绝的命题集合②来表征其认知状态及其内容。具体来说，令 X 表示主体接受的命题集合，Y 表示主体拒绝的命题集合，那么［X：Y］就刻画了主体的一个认知状态及其内容。若 X 与 Y 中存在共同的命题，那么就称这样的认知状态是不融贯的（incoherent），反之则

① 参见梁飞《言语行为视域下多结论逻辑结果》，《哲学与文化》2022 年第 5 期。

② 接受是断定所对应的心灵状态，拒绝是否认所对应的心灵状态。

是融贯的。直观上来说，不融贯表达的是我们对同一个命题既接受又拒绝的状态。基于此，A_1，… $A_n \vdash B_1$，… B_k的意思是，认知主体同时接受（断定）A_1，… A_n并拒绝（否认）B_1，… B_k是不融贯的。① 多结论逻辑后承具有以下三个性质：②

(1) 一致性（consistency）：$A \vdash A$，即：[A：A] 这样的认知状态是不融贯的；

(2) 子状态性（substate）：若 $X \vdash Y$ 且 $X \subseteq X'$，$Y \subseteq Y'$，则 $X' \vdash Y'$。即：若 [X′：Y′] 是融贯的且 $X \subseteq X'$，$Y \subseteq Y'$，则 [X：Y] 是融贯的；

(3) 扩展性（extensibility）：若 $X \vdash A$，Y 且 X，$A \vdash Y$，则 $X \vdash Y$。即：若 [X：Y] 是融贯的，则 [X，A：Y] 与 [X：A，Y] 之一是融贯的。

在这一框架性解读下，不同逻辑可以理解为对涉及具体逻辑常项的命题间融贯性标准的不同理解。

然而，史坦伯格认为，在逻辑推理主义的背景下，无法为多结论逻辑后承提供有意义的辩护。逻辑推理主义的思想限制了对证明论系统的选择，因为它必须忠实于我们的演绎推理实践。③ 据此他认为，多结论逻辑后承不可避免地会犯以下几个错误：(1)"析取解读"的循环问题；(2) 与演绎推理实践相距较远；(3) 对"否认"这一言语行为如何规定了逻辑常项的意义缺少实质性说明。

在《言语行为视域下多结论逻辑结果》一文中④，作者已经论证了雷斯托所提供的解读能够避免这三个问题。然而，即使如此，本文认为雷斯托对多结论逻辑后承的解读还会面临新的问题。

本文认为雷斯托对多结论逻辑后承的解读太弱，这造成对一些实例的解释无法令人满意。例如，按照雷斯托的解读，$X \vdash A$，Y 应理解为 [X：A，Y] 是不融贯的，故而，如果认知主体断定 X 中的所有命题并且否认 Y 中的所有命题，那么他进而否认 A 就会导致不融贯。但是，拒绝与接受并不是二分的，存在悬置（既不接受也不拒绝）的认知状态，如对待哥德巴赫猜想这一命题。因此，

---

① 这种解读并预设语言中有哪些逻辑常项，在对逻辑常项的定义中，避免了循环定义的问题。

② 这三条性质分别对应于塔斯基－斯科特逻辑后承中的：同一性、单调性与传递性。

③ Steinberg, F., "Why Conclusions Should Remain Single", *Journal of Philosophical Logic*, 2011, 40, pp. 333–355.

④ 梁飞：《言语行为视域下多结论逻辑结果》，《哲学与文化》2022 年第 5 期。

在［X：Y］下，否认 A 导致不融贯并不意味着断定 A。然而，当他在说明经典逻辑的否定词规则时，即：

否定左规则：$\dfrac{X \vdash A, Y}{\sim A, X \vdash Y}$　　　否定右规则：$\dfrac{A, X \vdash Y}{X \vdash \sim A, Y}$

他认为，这两个规则共同表达的是，在［X：Y］的认知状态下，断定 A 与否认 ~A 有同样的效果。他在这里预设了，能够将 X ⊢ A，Y 与 ~A，X ⊢ Y 分别理解为［X：Y］下，断定 A 以及否认 ~A。然而，基于上述理由，我们可以看出这样的预设是不恰当的。

四　一个新的解读

为了解决上节末所述问题，本节我们将提出一种对多结论逻辑后承的新的解读。这一解读仍是一种双边式解读，并且也可视为基于融贯性的解读，因为我们一方面预设了断定与否认两种言语行为的基始性，另一方面我们也预设了同时断定 A 并且否认 A 是不融贯的。

具体来说，我们认为，X ⊢ Y 表达的意思是，对一个认知主体而言，

(a)如果他断定（接受）X 中的所有命题，那么他也将至少断定（接受）Y 中的一个命题，否则就不融贯；并且，

(b)如果他否认（拒绝）Y 中的所有命题，那么他也将至少否认（拒绝）X 中的一个命题，否则就不融贯。

(a)与(b)两个条件同时成立，缺一不可。这两个条件分别从断定与否认的角度说明了我们能够通过逻辑推理得到什么结论。特别地，在我们的演绎实践中，我们总是聚焦于某个具体的命题 A，即 X ⊢ A，Y 或 X，A ⊢Y。如果我们将［X：Y］视为认知主体的认知状态，其中 X 代表主体断定的命题集，Y 代表主体否认的命题集。那么，我们会有以下的结论：

(1) $X \vdash A, Y$ 表达了：在［X：Y］下，断定A；

(2) $X, A \vdash Y$ 表达了：在［X：Y］下，否认A。[①]

由此可见，这种解释强于雷斯托的解释，解决了上节中所提到的问题。此外，因为(a)和(b)中预设了融贯性要求，与雷斯托解读类似，这种解读也将满足一致性、子状态性和扩展性三条性质，从而为多结论后承提供了一般性解读框架。

这种解读是否会遭遇史坦伯格所提出的三个挑战？接下来我们逐一考察。首先，史坦伯格关于"析取解读"最关键的批评是，我们在定义析取词时已经预设了析取，从而陷入循环定义。而在本文的解读中，(a)和(b)两个条件看起来似乎会遇到"析取解读"的问题，但它只是多结论逻辑后承的一般性条件，在定义常项的规则中，并不会预设"析取解读"。矢列演算中联结词的左规则与右规则分别规定了在否认行为中能够使用一个逻辑常项的条件和在断定行为中能够使用一个逻辑常项的条件。以析取的左规则与右规则为例：

析取左规则：$\dfrac{X, A \vdash Y \qquad X, B \vdash Y}{X, A \vee B \vdash Y}$　　析取右规则：$\dfrac{X \vdash A, B, Y}{X \vdash A \vee B, Y}$

其中左规则的意思是，认知主体在［X：Y］下，若拒绝A且拒绝B，那么他也将拒绝A∨B；右规则的意思是，认知主体在［X：B，Y］下，若断定A，那么他也将断定A∨B。这里并没有"析取解读"的问题。

其次，史坦伯格认为，多结论逻辑后承与我们的演绎实践相距甚远。我们认为，在这种新的解读下，并不会面临这个问题。(1) 对应演绎实践中的排除法，即在接受的前提下，我们需要分情况一一考察可能的结论，进而排除直到唯一的结论；(2) 对应我们演绎实践中的归谬法，如果从已有的前提中推出了我们需要拒绝的命题，那么前提中就存在着某个命题是无法被接受。例如，集合论悖论的发现。

最后，在本文的解读下，断定与否认在逻辑常项的定义中都起到实质性的

① 其中(a)与(b)分别保证了(1)与(2)成立。

作用。联结词的左规则对应着否认下的引入规则，右规则对应着断定下的引入规则，而消去规则均为系统的导出规则，以合取在断定下的消去规则为例：

1. $X \vdash A \wedge B,\ Y$	假设
2. $A \vdash A$	一致性
3. $A,\ B \vdash A$	2. 子状态性
4. $A \wedge B \vdash A$	3. 合取左规则
5. $X,\ A \wedge B \vdash A,\ Y$	4. 子状态性
6. $X \vdash A,\ Y$	1, 5. 扩展性

由此可见，认知主体在［X：Y］下，若断定 A∧B，则他也将断定 A，这与在自然演绎系统中看到的合取词的消去规则如出一辙。

五　结论

上节我们给出了一种对多结论逻辑后承的新的解读，这种解读既可以避免史坦伯格对多结论逻辑后承的批评，又能够解决雷斯托解读所面临的解读过弱的问题。这种解读建立在矢列演算基础上。与自然演绎不同，矢列演算具有更强的扩展性，因此，它能够为经典逻辑与非经典逻辑提供一个统一的基础。按照这种解读，不同的逻辑可以理解为承诺了不同的“断定”与“否认”两种言语行为的交互方式，这种交互方式一方面可以表现在结构规则中，即对认知主体认知状态构成方式的不同，如直觉主义逻辑是对经典逻辑中否认言语行为的限制；另一方面也可以体现在联结词的规则中，即对状态内容承诺的不同，如在超赋值逻辑中既可以拒绝 A 也可以拒绝 ~A 。在这个意义上，我们可以为逻辑多元论提供一个逻辑推理主义式的辩护。

［本文系国家社科基金重大项目“逻辑词汇的历史演进与哲学问题研究”（编号：20&ZD046）、山东大学国际合作基金种子项目（编号：11090089395416）、山东大学青年学者未来计划（编号：11090089964225）的阶段性成果。］

（本文编辑：顿新国）

A New Interpretation of Multiple-conclusion Logical Consequence

LIANG Fei

Abstract: Logical consequence, which expresses what logically follows what, is one of important topics discussed in the research of logic. Different logics admit different kinds of logical consequence. It is generally agreed that the logical consequence is about the relationship between the set of premises and a single conclusion. However, multiple-conclusion logical consequence is often considered unintuitive. On the background of logical inferentialism, based on the concept of coherence, G. Restall reinterprets the multiple-conclusion logical consequence from the perspective of bilateralism. This interpretation was strongly criticized by F. Steinberg, and it is too weak. This paper proposes a new interpretation of multiple-conclusion logical consequence based on Restall's interpretation, and argues that this interpretation, on the one hand, can avoid Steinberg's criticism; on the other hand, it can overcome the problem of Restall's interpretation.

Keywords: Multiple-conclusion Logical Consequence; Logical Inferentialism; Bilateralism

从可断定性看实质蕴涵怪论

王思勉
（南京大学哲学系）

摘　要：蕴涵怪论总以实质蕴涵定理的条件句“反例”的形式呈现。在当代英语学界的条件句研究思潮中，弗兰克·杰克逊的立场可谓独树一帜。一方面，他严守经典逻辑的真值语义学地基，捍卫语句作为真值派生载体的地位；另一方面，他为“可断定性”概念引入了稳健性解释，让基于真值语义学的等值论题得以为概率进路的“亚当斯论题”建立融贯的解释。借由杰克逊对“可断定性”概念的探析可以发现，当人们使用直陈条件句“翻译”实质蕴涵的定理时，不自觉地引入了直陈条件句特有的断言条件。这正是条件句“反例”背后的合理直觉的来源之所在。

关键词：可断定性；条件句“反例”；真值条件；断言条件

实质蕴涵怪论之“怪”体现在：自然语言中形如“如果……那么……”的条件句结构，在直接代入建基于真值语义学的关于实质蕴涵的逻辑定理时表现出不适切性。面对这种不适切的体验，英语学界在20世纪70年代之后就条件句议题展开了广泛而深刻的讨论，并就此形成相互竞争的两大研究路径：“在维持关于条件命题的真值条件语义学的基础上，对自然语言的条件句之‘成真条件’的复杂性做出新的刻画”的真值条件路径（“保守路径”），与“否认自然语言的条件句为真值载体，否认其表达条件命题，而认为人们对条件句的使用只是置信行为的表达”的非真值条件路径（“激进路径”）。[①]

从“保守”与“激进”的二分观点看，本文所论及的弗兰克·杰克逊（Frank Jackson）所做的工作，正是以厘清层次的方式，为貌似针锋相对的保

① 张建军：《蕴涵层级论：“实质蕴涵怪论”迷雾之廓清》，《学术月刊》2016年第12期。

守进路与激进进路寻找协调之途。他反驳了僵化的等值论题（the Equivalence thesis）教条，以一个具有更加丰富解释力的、增补版的等值论题，捍卫了蕴涵关系的真值语义。这个增补版的等值论题，是经由对日常语言使用中最为“状若”条件命题的直陈条件句的分析而得到的。杰克逊发现，日常语言使用中的直陈条件句具有可断定性（assertibility），而这一特性为攻击实质蕴涵的条件句“反例”所普遍地隐去。直陈条件句的可断定性是主体相关的置信概念，这便与亚当斯对条件句概率展开的置信解释（亚当斯论题）关联了起来。用杰克逊自己的话说，他的工作便是旨在“让关于 P→Q 真值条件的等值论题……为关于 P→Q 断言条件的亚当斯论题（Adams's thesis）提供解释”①。可以说，作为保守路径阵营中的一员，杰克逊的创见在于：通过分析直陈条件句特有的断言条件，将亚当斯的概率分析——非真值进路的缘起之处——牢牢地锁在条件句的断言条件中，从而为命题的真值条件守住了逻辑语义学地基。

“可断定性”是杰克逊理论中的关键概念。它首先是依据亚当斯的置信解释而界定出的直观意义上的可断言性（assertability），即对语句的高置信度所保证的可断定性。其次，杰克逊本人发现，这种可断定性能为语句连接词所独立报道，如直陈条件句即为一般情况下报道实质蕴涵的句法型式，这种句法型式有着自己特有的断言条件（assertion condition）。它意味着：凡是正确地、规范地使用直陈条件句的人，都会遵守此断言条件的规约含义。这使得一些非真值进路者所提出的“条件句不具有真值”的反例，实际上打在了“可断定”或“不可断定”“认同一个断言”或“拒斥一个断言”的界域之内。因此，非真值论者提出的条件句“反例”可以经由对可断定性的分析而化解，而与真值无扰。可以说，杰克逊对直陈条件句可断定性的思考，不仅捍卫了真值语义学，而且为我们揭示了条件句“反例”背后的合理或不合理直觉来自何方。

一 断言条件真值解释与置信解释间的不融贯疑难

断言条件指的是能够使一个语句得到断定的条件。杰克逊在《论断言与直

① Jackson, Frank, 1979, “On Assertion and Indicative Conditionals”, *The Philosophical Review*, 88 (4): 565 - 589. 杰克逊用 P→Q 形塑直陈条件句“如果 P，那么 Q”，以区别于实质蕴涵命题形式 P ⊃ Q，本文亦遵循这一约定。

陈条件句》一文中首先回顾的是关于断言条件的等值论题辩护策略。等值论题，指的是认为型如“如果P，那么Q”的条件句与实质蕴涵P ⊃ Q具有相同真值的论断。通过真值运算，后者等值于～P∨Q。基于这样的解释，断定一个直陈条件句“如果P，那么Q”所表征的事件，便是断定了“或者非P，或者Q”所表征的事件。这便是既有的等值论者所认同的：真值条件保证了断言条件，我们将之记为断言条件的真值解释（*TA*）。但是，断言条件就其经验直观上还有着另一种解释：只要其断言者对S有很高的置信度，那么语句S是可断定的，我们将之记为断言条件的置信解释（*PA*）。如果断言条件的真值解释与置信解释是融贯的，那么它必须满足如下两个条件：

（1）从*PA*到*TA*：当说话人对语句“如果P，那么Q”具有很高的置信度时，那么说话人就是断定了“如果P，那么Q”，根据等值论题，说话人即断定了“或者非P，或者Q”所表征的事件，即对非P或是Q赋予了极高的置信度；

（2）从*TA*到*PA*：当说话人对非P或对Q为真具有极高置信度时，那么根据等值论题，说话人对语句“如果P，那么Q”也具有极高的置信度，此时，说话人即断定了语句“如果P，那么Q”。

显然，这两个条件都会遭致“反例”。

反例（1）：如果明天下雨（P），那么明天的比赛取消（Q）。

假设说话人对该语句予以极高的置信度，断定了这个条件句，那么根据*TA*，该条件句与“明天下雨（P）”⊃“明天的比赛取消（Q）”等值，即与“明天不下雨（～P）”∨“比赛取消（Q）”等值。此时，说话人应同样地断定～P∨Q表征的事件。据*PA*，说话人应当对～P或是Q予以极高的置信度，即或者断定了～P，或者断定了Q。显然，当说话人断定这个句子的时候，既没有高概率地相信～P，也没有高概率地相信Q。反例（1）表明，从*PA*到*TA*条件无法得到满足。

反例（2）：如果太阳没有升起（P），那么明天是明天（Q）。

“太阳升起”（~P）与“明天是明天”（Q）是两个置信度无限接近于 1 的（准）真理性观念，根据 *PA*，说话人既断定了 ~P，又断定了 Q，从而也断定了 ~P ∨ Q。~P∨Q 与 P ⊃ Q 实质等值，据 *TA*，后者与直陈条件句“如果太阳没有升起，那么明天是明天”（P→Q）等值，因此说话人应当断定这一条件句。然而，说话人并不可能做出如此断言。反例（2）表明，从 *TA* 到 *PA* 的条件也无法得到满足。

本应融贯的断言条件解释出现了不融贯，这使得对直陈条件句采取置信行为解释的学者们抛弃了等值论题，在概率进路上另起炉灶。另外，捍卫等值论题的学者们则绞尽脑汁，试图修正原有对断言条件的真值解释。杰克逊将后者最重要的修正表述为“在置信度相近的情况下，断定逻辑上更强的语句而非较弱的语句”，我们简记其为“断强不断弱”教条。这一教条似乎是对弗雷格“含义”观念的误读。当我们在考虑 ~P、Q、P ⊃ Q 三个命题时，我们知道 ~P∨Q≡P ⊃ Q。弗雷格著名的语境原则告诉我们：“词语的或任何非语句表达式的含义，都只有通过作为它们所能构成的句子的含义作出的贡献，才能得到理解”，而“把握句子的含义，一般也就是说，知道在什么条件下句子为真，什么条件下句子为假”[①]。这样的观念在等值论者那里发生了折射：既然 P ⊃ Q 的真值能够随着 P 与 Q 真值的确定而唯一地确定，那么就直陈条件句“如果 P，那么 Q”（P→Q）而言，对它的断定实则源于人们对 ~P 与 Q 具有相近置信度的情况下，对实质蕴涵 P ⊃ Q，即 ~P∨Q 的真值贡献度更大的那个析取支——逻辑上更强的那支的断定。对这一教条，杰克逊给出了四种反驳意见：

（1）在 Pr（P ⊃ Q）< Pr（~P）≈1 的情况下，直陈条件句“如果太阳在十分钟内消失，地球将在大约十八分钟后陷入黑暗之中”，此时，等值论者所认为的相应于该条件句的实质蕴涵仍有充分的理由被断言。

（2）一个直陈条件句“如果 P，那么 Q”因 Q 可高度断定而使 P ⊃ Q 高概率为真，即有 Q ⊢ Pr（P ⊃ Q）= Pr（~P ⊃ Q）≈1。如：我们确信无论里根是否参选，卡特都将连任，我们可以说出“如果里根参选，那么卡特将会连任”与“如果里根不参选，那么卡特将会连任”两个句子。根据“断强不断弱”，两个句子在逻辑上一样强，都不应当被断定。

---

① ［英］迈克尔·达米特：《弗雷格：语言哲学》，黄敏译，商务印书馆 2017 年版，第 5—6 页。

(3) 在 P ⊃ Q 等值于 P→Q，Q ⊃ R 等值于 Q→R 的情况下，逻辑真理 (P→Q) ∨ (Q→R) 不是高度可断定的，而诸如"乔治必须在这里或者不在这里"这样的逻辑真理却是高度可断定的。而对逻辑真理而言，很难想象其中一个逻辑上强于另一个。

(4) 依据等值论题，[P&(~P→R)] 与 [P&(~P→S)] 是逻辑等价式，且与 P 实质等值。但它们的可断定性却大相径庭："太阳明天会升起，如果它没有，那也没关系"是高度不可断定的，而"太阳明天会升起，如果它没有，那就是世界末日了"则是高度可断定的。

到这里为止，我们所遭遇的疑难皆来自一个共同的起点，即我们是顺着等值论者的思路，将直陈条件句"如果 P，那么 Q"(P→Q) 理所当然地看成对条件命题 P ⊃ Q，亦即 ~P∨Q 的合适表达。事实上，杰克逊在文章的一开始便对直陈条件句所表征的事件给出了自己的判断："当断定一个直陈条件句'如果 P，那么 Q'所表征的情况时，我们便断定了'或者非 P，或者 P 且 Q'的情况。"这当然不同于 P ⊃ Q。如此看来，在进入真正的逻辑分析之前，我们更加需要的是面向直陈条件句特性的语言分析。换言之，杰克逊将要对直陈条件句的断言条件，给出一个新的解释。

二 断言条件的稳健性解释与语句的可断定性

在杰克逊这里，替换了"断强不断弱"教条的是语句断言条件的稳健性 (robustness) 解释。关于稳健性，杰克逊如是描述道：

> 假设 S_1 在逻辑上强于 S_2，且 S_1 的置信度仅略低于 S_2。在与之一致的情形下，可能存在一个新的信息 *I* 分别对 S_1 和 S_2 造成不同的影响。这一影响具体表现为：*I* 可能会大幅度降低 S_1 的置信度而不会显著降低 S_2 的置信度（实际上 S_2 的置信度可能会上升）。我把这种情况描述为：S_2 相对于 *I* 是稳健的，而 S_1 相对于 *I* 却并非如此。[①]

① Jackson, Frank, 1979, "On Assertion and Indicative Conditionals", *The Philosophical Review*, 88 (4), pp. 565－589.

我们用杰克逊的赛马案例代入分析。设语句 S_1 为“Hyperion 赢了 4 月 15 日的比赛”，根据条件，听话人 a 对此有极高的置信度；语句 S_2 为“4 月 15 日的比赛或者是 Hyperion 赢了，或者是 Hydrogen 赢了”，它的置信度由 a 对语句 S_1 的置信度保证，并且比 S_1 略高一点。那么，根据“断强不断弱”的原则，a 应当直截了当地断定语句 S_1。然而，经由杰克逊对事件的完整叙述，我们得到了新的信息 *I*，它告诉我们：（1）通过报纸上的报道，a 知道的仅仅是赢得 4 月 15 日比赛的是一匹名字以 H 开头的马；（2）Hyperion 和 Hydrogen 是当天唯二两匹名字以 H 开头的马；（3）a 之所以认为 Hyperion 赢了，是因为他认为 Hydrogen 是一匹驽马。现在，关于赛马事件的信息补充完整了，杰克逊认为，这个时候人们有理由去断定那个逻辑上较弱的语句 S_2：因为这些新信息会影响置信主体关于 S_1 的置信度而无关于 S_2 的置信度。换言之，语句 S_1 相对信息 *I* 是不稳健的，而语句 S_2 相对信息 *I* 是稳健的，在此情形下，“断强不断弱”的教条就失效了。同样的论证亦可见于语句“或者奥斯瓦尔德射杀了肯尼迪，或者华伦委员会是失职的”。对“肯尼迪之死”持不同意见的人而言，他们会根据自己所相信的信息，对这两个析取支赋值以不同的置信度。这时，对其中任意一支析取支的断言，都会遭致另一部分意见持有者的反对。然而，对整个析取句的断言，诸方却都是可接受的——“奥斯瓦尔德射杀了肯尼迪”是华伦委员会对“肯尼迪之死”给出的调查结论，如果一个人不同意这个结论，那么“华伦委员会是失职的”对于这个人而言就是一个自然的推论。

杰克逊在对析取句的断言条件分析中引入稳健性解释的目的，不仅在于提示我们在考虑断言的时候，稳健性应当具有与高置信度、相关性等要素对断言之重要作用的同等地位，更是为了说明：自然语言中的一些语句连接词能够在报道析取句所表达的对应命题之真值的同时，报道出整个析取句的断言相对于其中一个析取支的稳健性。换言之，先前事例中的一个外在信息 *I*，被内化于某一特殊的句法型式的表达中，成为该语言使用者所公认的正确表达方式。

请考虑“P 反正 Q”这样一个句法型式，它意味着 $P \vee Q$ 之于 $\sim P$ 是稳健的，而之于 $\sim Q$ 是不稳健的。在例句“乔治住在波士顿，反正是住在新英格兰的某个地方”中，当我们否定“乔治住在波士顿”时，整个析取句相对于被否定的前件而言依旧是稳健的；但是当我们否定“乔治住在新英格兰的某个地方”时，我们对于这个析取句为真的置信度将大大降低——整个析取句相对于被否定的后件而言是不稳健的。该句法型式报道出整个析取句分别相对其前、后件稳健性的非对称特征，这意味着：其一，在真值语义学的层面上，该析取句“P 反正 Q”与析取命题“P∨Q”具有相同的成真条件，即：语句“乔治住在波士顿，反正住在新英格兰的某个地方”为真，当且仅当，或者“乔治住在波士顿”为真，或者“乔治住在新英格兰的某个地方”为真；其二，在语句使用的规约含义上，该析取句的前后件是不可交换的，换言之，析取命题的交换律对于这个析取句而言是失效的。可以说，当语句“P 反正 Q”相对于其语句后件的否定不具有稳健性时，整个语句的可断定性恰好由该语句的后件所保证——这意味着，在日常语言的使用中，人们会避免在对 Q 的置信度较低的情况下断言“P 反正 Q”——这并不是说此种情况下“P 反正 Q”的真值为假，而是说“这是语法错误”或是“你的语句连接词用错了”。就此，杰克逊认为像“反正”这样的语句连接词，既指示出整个语句的稳健性相对于语句之前、后件的不对称，从而指示出该语句的句法型式所特有的断言条件，并因此拒斥了交换该语句前后件的做法；也没有因为析取交换律在该语句中的失效，而使得其所表达命题的真值条件被违反。

在这里，我们可以对断定语句“P 反正 Q”与断定命题 P∨Q 之间关系做出概括，如图一所示：

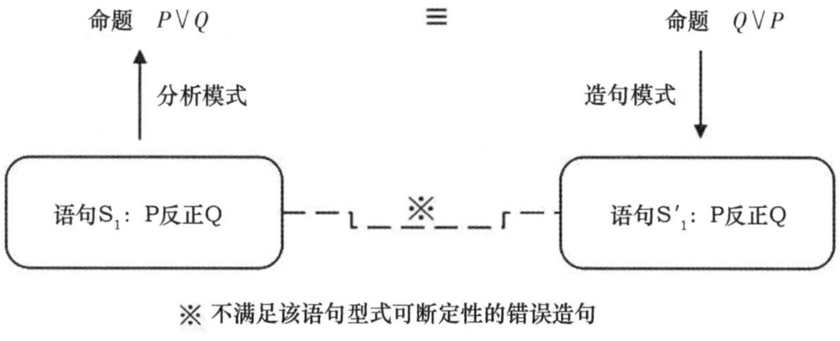

图一

从杰克逊对“反正”析取句的分析可见，基于稳健性解释的断言条件的引入无损于该语句的真值条件。那么，提出这样的问题便是自然而然的：一般的直陈条件句是否会在遵守真值语义学的同时，指示着独特的断言条件呢？杰克逊认为，当我们在说“如果 P，那么 Q”时，P ⊃ Q 之于 P 是稳健的，亦即，直陈条件句的可断定性由其前件所保证。这一被指认为直陈条件句的断言条件意味着：在日常语言的使用中，人们会避免在对 P 的置信度较低的情况下断言形如“如果 P，那么 Q”的直陈条件句。这样的分析与“条件句”的语言学定义相一致。[①] 如此，以往未经揭示的直陈条件句的断言条件，就是用形如“如果 P，那么 Q”的直陈条件句直接代入条件命题 P ⊃ Q 时不适切的原因之所在。

三 “可断定性”概念对条件句反例的解题功能

论述至此，我们可以发现：在经典逻辑中，一个条件命题的前后件是被实质蕴涵符号 ⊃ 联结的、两个有真值的、货真价实的命题。而自然语言中的条件句却在使用中有着公认的规约含义（格赖斯术语）或是语调（达米特 - 弗雷格术语）。通过杰克逊对直陈条件句断言条件的揭示，我们可以自然地得出如下猜想：当人们使用直陈条件句根据实质蕴涵定理构造反例时，那些看似违反真值的反例，实际上违反的是直陈条件句的可断定性。我们把这种反例构造模式概括如图二：

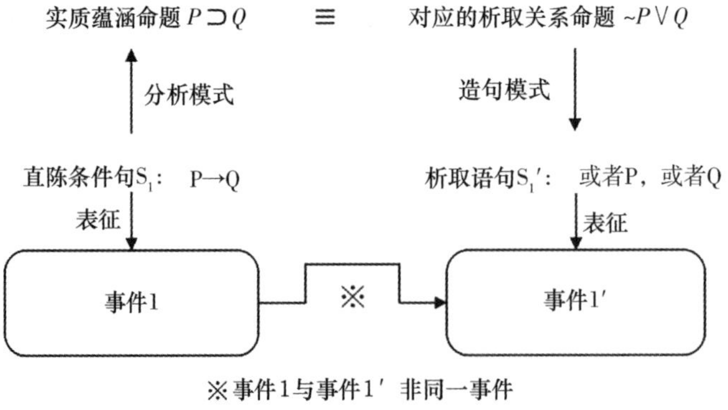

图二

经上述概括可见，条件句的反例体现为：表达了两个真值等值命题的语句所表征的事件之间的不一致。以下，我们就利用可断定性的稳健性解释对一些经典反例予以化解。

① Howard Jackson：《语言学核心术语》，蓝纯注，外语教学与研究出版社 2016 年版，第 31 页。

（一）析取句的条件句转换失效反例

A：伯克利明年会下雨。

B：伯克利明年会下雪。

人们可以断言“A 或 B”，即：“伯克利明年或者会下雨，或者会下雪”；却不能据此断言“如果～A，那么 B”：“如果明年伯克利不下雨，那么就会下雪”。①

此反例建基于第一章所述之断言条件的真值解释（*TA*）。设 A 和 B 是表征了同一主语的两种不同情况的语句，则“A 或 B”表征了 A、B 两种情况的析取；令主体 S 断定语句“A 或 B”，则据经典逻辑的真值语义学，主体 S 应当断定语句“如果～A，那么 B”。因为析取句的条件句转换失效，亚当斯认为条件句的真值解释是失败的。下面，我们将利用断言条件的稳健性解释，以及直陈条件句的断言条件，构造一个论证来化解此反例对条件句真值条件的攻击：

（Ⅰ）据经验判断，语句 A“伯克利明年会下雨”与语句 B“伯克利明年会下雪”都具有极高的置信度，故析取句“A 或 B”：“伯克利明年或者会下雨，或者会下雪”也具有极高的置信度，因此它是可断定的。

（Ⅱ）在（Ⅰ）的断言条件下，析取句“A 或 B”相对于其两个析取支的否定——语句～A“伯克利明年不会下雨”与语句～B“伯克利明年不会下雪”——都分别是稳健的。

（Ⅲ）因为直陈条件句“如果 P，那么 Q”的断言条件规定了 P ⊃ Q 于 P 是稳健的，因此在该示例中，若直陈条件句“如果～A，那么 B”是可断定的，当且仅当，～ ⊃ B 之于～A 具有稳健性，即语句～A“伯克利明年不会下雨”是可断定的。

（Ⅳ）据（Ⅰ），语句～A“伯克利明年不会下雨”的置信度是极低的［据（Ⅰ）可知，$Pr(a) \approx 1$，则 $Pr(\sim A) = 1 - Pr(a) \approx 0$］，它不可被断定，与（Ⅲ）的要求矛盾。

---

① Adams, Ernest Wilcox, 1975, *The Logic of Conditionals*, D. Reidel Publishing Company, pp. 17 – 18.

可见，直陈条件句“如果～A，那么B”变得不可断定的原因，是因为其中～A的可断定性恰好违反了给定语句A的可断定性。在此论证中，条件句的真值条件并不被涉及，同时，断言条件的稳健性解释与置信解释之间也得到了融贯。

（二）假言三段论的为假直觉反例

“埃金顿反例”是假言三段论为假直觉反例的代表。它的简要表达是：某人针对此次美国的议会选举发表了两个看法：其一，他认为共和党不会赢得此次美国大选；其二，他也不认为如果共和党赢得此次大选，那么他们将加倍征收所得税。对于此人而言，这两个看法都是被赋予了极高的置信度的，因此可被视作他的两个断言：

（Ⅰ）共和党不会赢得此次美国大选。（～A）

（Ⅱ）并非是如下的情况：如果共和党赢得此次大选(a)，那么他们将加倍征收所得税(b)，即：并非“如果A，那么B”。（～（A ⊃ B））

在埃金顿看来，根据实质蕴涵——条件句的真值演算，断言了（Ⅱ）即意味着断定整个条件句为假，就是断定了：

（Ⅲ）共和党会赢得大选，并且他们不会加倍征收所得税。(A∧B)

此时，（Ⅲ）中的一个合取支与断言（Ⅰ）矛盾，这意味着这个人的两个断言是自相矛盾的（～（A ⊃ B）≡（A∧～B）），而根据我们的直觉，（Ⅲ）不应当被推出。可以看出，这一反例的构造利用的同样是 *TA* 与 *PA* 之间的不融贯。根据杰克逊对直陈条件句断言条件的分析，这个反例的症结集中在对（Ⅱ）的理解上。

根据其断言条件的稳健性要求，被拒斥的直陈条件句A→B相对于A是稳健的，整个直陈条件句的可断定性由A保证，则有Pr(a) ≈ 1。这意味着在（Ⅱ）中的A是被当作经假设而锚定的事实来接受的。此时，我们考虑对直陈条件句A→B的拒斥的真实意谓。拒斥A→B，意味着Pr（（A→B）/A）≈ 0，可以很容易地推出：Pr(b) ≈ 0。这意味着，对（Ⅱ）中拒斥一个条件句真正的条件命题刻画应是：A ⊃ ~ B，通过前两个语句所能得到的结论（Ⅲ）的真值刻画是(~ A∨ ~ B)。下面，我们将这个命题改写为自然语言。我们需要将（Ⅱ）中的整个条件句中由 A 保证的可断定性，表现为整个析取句相对于 ~ B 一侧析取支的稳健性，即整个析取句相对于该侧析取支之否定是不稳健的。按此要求，它的语句形式就是："或者 ~ A，或者（A 并且 ~ B)"，此时，该断言相对于 A（析取支 ~ A 的否定）是稳健的，而对 A ⊃ B——析取支（A 并且 ~ B）的否定——是不稳健的。可以看出，前述"反正"的句法型式所报道的断言条件恰好能够表达结论（Ⅲ）的语句形式："共和党不会赢得大选，反正他们就算赢了也不会加倍征收所得税。"

（三）嵌套条件句的为真直觉反例

嵌套条件句的严峻反例是由吉伯德（Allan Gibbard）提供的。他认为"一些嵌套形式的同一语气的条件句看起来确实是可以断言的，但它们的阅读方式与真值函数理论并不一致——在某种程度上，规约含义无法解释这样的不一致"。[①] 为此，他构造了刻画为（*d*→*b*）→*f* 的自然语言反例：

> （*）假如若这个杯子掉下来（*d*）就摔碎（*b*），则这个杯子是易碎的（*f*）。（If the cup broke if dropped, then it was fragile.）[②]

在吉伯德所设想的情境中，这个杯子是一个不易碎性的杯子，但其尚未掉下来，因而整个条件句的前件，是一个前后件都假的反事实条件句，而其后件则是一个假语句。此时，"尽管在真值函数的解释中它的置信度很低，但该语句却是可断定的……但根据真值函数理论，这个句子是假的"[③]。我们将上述论证整理如下：

---

① Gibbard, Allan, 1981, "Two Recent Theories of Conditionals", in William L. Harper, Robert Stalnaker, Glenn Pearce (eds.), *IFS*, D. Reidel Publishing Company, p. 235.

② 本译文采用的是张建军、张顺在《受限量化域与实质蕴涵"严峻反例"的化解——四论从形式蕴涵看"实质蕴涵怪论"》[《湖北大学学报》(哲学社会科学版) 2020 年第 5 期] 一文中的翻译。关于中译文对理解该"反例"的影响，参见本文后面的讨论。

③ Gibbard, Allan, 1981, "Two Recent Theories of Conditionals", in William L. Harper, Robert Stalnaker, Glenn Pearce (eds.), *IFS*, D. Reidel Publishing Company, p. 236.

（Ⅰ）直观地，语句（*）是可断定的，根据 PA，有 $\Pr((d \to b) \to f) \approx 1$。

（Ⅱ）根据 TA，此时，整个条件句（$d \to b$）$\to f$ 为真，即不会出现 $V(d \to b)=1$，$V(f)=0$ 的情况。

（Ⅲ）然而，人们完全可以设想这样的情况：一个铜杯子（不是易碎的）被稳稳地放在有一定高度的地方（没有掉下来）。此时 $V(d)=0$，$V(f)=0$，根据真值运算可推 $V(d \to b)=1$，$V((d \to b) \to f)=0$。该推论与（Ⅱ）矛盾。.

这又是一个利用 TA 与 PA 之间的不融贯来构造的反例。澄清语句（*）的可断定性究竟由何者保证，是化解“吉伯德反例”的关键之所在——毕竟吉伯德已暗示，即使 $\Pr(d)$ 与 $\Pr(f)$ 非常低，语句（*）依旧是可断定的。下面，让我们引入直陈条件句的断言条件展开论证。

（Ⅰ）直观地，直陈条件句（*）是可断定的。令 $d \to b$ 为 A，f 为 B，则（*）可改写为 A→B；根据直陈条件句的断言条件，则有 A ⊃ B 相对于其前件 A 的稳健性。

（Ⅱ）易见，直陈条件句“如果 A，那么 B”的可断定性由 A 保证，它要求 $\Pr(a) \approx 1$，即：无论 A 自身是可断定的，或是不可断定的，$\Pr(a) \approx 1$ 所表征的全部情况必须都被纳入断定的范围。

（Ⅲ）当人们在断定 A——即嵌套条件句 $d \to b$ 时，所断定的情况包括了 $\sim d$，以及 d 且 b。所以，无论事实上发生的是 $\sim d$ 的情况，抑或是 d 且 b 的情况，都满足 $\Pr(a) \approx 1$，即：都能够使人断定 A。此时无论 $\Pr(d)$ 高低与否，都无损于直陈条件句“如果 A，那么 B”的可断定性。

换个角度思考，“吉伯德反例”之为真直觉恰恰利用了直陈条件句的断言条件。因为，当吉伯德说整个语句可断定的时候，语句（*）对被理解为直陈条件句，它的可断定性要求（$d \to b$）$\supset f$ 相对于（$d \to b$）是稳健的。有趣的是，附加于整个语句（*）之上的直陈语气似乎“浸润”了前件，让我们倾向于把前件当作直陈条件句 $d \to b$ 去考察。于是，人们会自然地考察它具有可断定性时的情形，即 $d \supset b$ 相对于 d 具有稳健性时的情形，而遮蔽了 $V(d)=0$，$V(f)=0$，$V(d \to b)=1$ 的反事实情形。这种直陈语气的“浸润性”恰好反映在《哲学逻辑》中文版对语句（＊）的翻译上：

> 如果它掉下来（d），那么如果它被打破（b）则它变成碎片（f）。[①]

即使我们不考虑“变成碎片”与“具有易碎性”在译法上造成的混淆，对于本身就缺少直陈语气与虚拟语气区分的汉语而言，这个翻译的规约含义使我们更加倾向于考虑 $d \to (b \to f)$ 这样一个直陈条件句。此时，整个语句要求 $d \supset (b \to f)$ 相对于 d 是稳健的，换言之，这个误译恰恰反映了语句（＊）断定倾向——人们似乎只是在“杯子掉下来”的情形下考察这个语句的真假。而就“吉伯德反例”而言，杯子掉下来或是掉不下来都具有发生的可能性，其本身并不要求被断定。或许“吉伯德反例”最为恰当的自然语言表达就是：“不论这个杯子掉没掉下来，如果它掉下来且碎了，那么这个杯子是易碎的。”

（四）其他实质蕴涵定理的条件句代入反例

在国内学界近些年就“实质蕴涵怪论”展开的讨论之中，被学界公认的、对实质蕴涵造成了严重挑战的反例乃是“非相干性怪论定理”的条件句代入例。第一个实质蕴涵定理是 $((p \wedge q) \to r) \to ((p \to r) \vee (q \to r))$。冯棉对该定理给出的条件句代入反例是[②]：

> 前提：“如果丈夫爱慕妻子(a)，并且妻子爱慕丈夫(b)，那么婚姻是理想的（C）”；结论：“如果丈夫爱慕妻子(a)，那么婚姻是理想的（C）；或者，如果妻子爱慕丈夫(b)，那么婚姻是理想的（C）”。

这个由实质蕴涵定理构造的条件句反例，正是以“双重标准”对待直陈条件句断言条件的结果。根据直陈条件句的断言条件，前提中整个条件句对条件句的前件（$A \wedge B$）具有稳健性，即（$A \wedge B$）保证了前提条件句的可断定性。

---

① ［美］罗·格勒尔主编：《哲学逻辑》，张清宇等译，中国人民大学出版社2008年版，第448页。

② 冯棉：《相干逻辑研究》，华东师范大学出版社2010年版，第4页。

作为前提条件句的推论，我们在其中所须体现的既不是对语句 A 的断定也不是对语句 B 的断定，而是对语句（A∧B），即说话人断言了（A∧B）所指称事件之同时发生的断定。由两个直陈条件句作为两个析取支的析取句，分别在不同的析取支中断定了语句 A 与语句 B，但它们都不是对语句（A∧B）的断定。显而易见，造成了这个反例的不是命题层面上真值计算混乱，而是语句层面上断言条件的不满足。

语句层面的断言条件远比命题层面的真值条件复杂得多，有时，由语句的字面意义所隐含的推论关系，亦会为语句赋予潜在的断言条件。这在另一个“非相干性怪论定理”的条件句反例中体现得淋漓尽致。这个定理是（p→（q∨r））→（（p→q）∨（q→r）。我们在此引述莫绍揆提供的反例[①]：

> 如火车奔驰在沪宁线上(a)，则或驰向上海(b)，或驰向南京（C），但“如火车奔驰在沪宁线上，则驰向上海”（A→B）和“如火车奔驰在沪宁线上，则驰向南京”（A→C）这两个蕴涵式都不成立。

在这个反例中，作为前提与作为结论的直陈条件句均基于“火车奔驰在沪宁线上”(a)这一条件句前件展开讨论，所以它面临的并不是因稳健性缺失导致断言条件不满足，而是结论中的两个析取支凭语句内容所自居的互斥关系，即：当人们否定其中一支析取支时，必会导致对另一支析取支的断定，从而造成断定了结论中整个析取句的结果。换言之，当我们单独看待析取句中的每一支时，每一支析取句都是不可断定的，即莫先生所指出的“两个蕴涵式都不成立”；而当我们考虑整个析取句的可断定性时，却发现其断言条件确实获得了满足。这是仅考虑真值关联的实质蕴涵所未能刻画的。

四 结语：从条件句的断言条件看蕴涵怪论

杰克逊对直陈条件句可断定性的分析，清晰地揭示出人们对基于实质蕴涵（及其定理）的条件句反例产生的“为假直觉”或“为真直觉”，其实是语句断言条件之不满足造成的合理直觉。换言之，“怪论”是违反条件句断言条件导致

---

① 莫绍揆：《逻辑代数初步》，江苏人民出版社 1980 年版，第 63 页。

的古怪，而非实质蕴涵真值演算本身的古怪。这种将语句层次与命题层次进行区分的意识，是值得我们学习的。

不过有学者指出，杰克逊诉诸“可断定性”的语用辩护策略基于这样的一个理论假定：“命题的‘真值’（语义学层面）与‘可断定性’（语用学层面）可以截然二分”，而这“不符理性直觉”。[①] 对于这一批评，笔者认为，我们需要澄清何为区分层次与何为割裂层次。首先，断言条件的解释基于真值条件。当说话人正确地使用直陈条件句时，其整句相对于前件的稳健性，意味着使用者本人是在确信前件为真的情况下说出这个句子的。在往后的论述中，杰克逊将这种句法型式确保的可断定性视为不可避免的语言幻象：“当在 P 的条件下 Q 的置信度很高时，我断言‘如果 P，那么 Q’是在语言学上正确的；而在接受 P ⊃ Q 时，我们在这个句子可能为真的情况下，可以合理地说出‘如果 P，那么 Q’。”可以说，如无真值观念的前见，做断言这一行动本身便是不可能的，更遑论断言条件或是可断定性。因此，讨论可断定性并不意味着与真值割裂。其次，置信解释中的直观可断言性（assertability）是句法型式之可断定（assertibility）的产品。人们对直陈条件句的断定，正是在对其前件的置信度极高，并且后件相对于前件的置信度也很高的情况下做出的。虽然直陈条件句的前件自身具有确保整个语句之可断定性的功能，但是这从来都不意味着说话人说出直陈条件句时已然对前件做出断定。这说明关于前件的分析一定是概率的分析，“直陈条件句（虚拟条件句同样）是假设性的而非独断性的——这意味着我们在探讨直陈条件句的意义时需要考虑包括其前件在内的可能性要素”[②]。因此，杰克逊并不是出于实用的目的，刻意地在语用层面上区分出一个类比于“真”的“可断定性”概念，来处理条件句反例。杰克逊关心的是，当我们用直陈条件句表达条件命题时，它的句法型式是否报道了真值演算以外的其他东西，即“对日常语言本身‘翻译前’的理解”[③]。杰克逊借“可断定性”概念表明的正是人们关于条件句反例合理直觉的来源所在。

杰克逊对语句、命题与事件之间关系的把握亦值得我们重视。在杰克逊的分析中，事件首先通过语句的表征而被确认为一个事件，而当说话人对这个语

---

① 廖彦霖：《实质蕴涵四大辩护策略探析》，《河南社会科学》2018 年第 2 期。

② Jackson, Frank, 1980, “Conditionals and Possibilia”, *Proceedings of the Aristotelian Society*, *New Series*, Vol. 81, pp. 125 – 137.

③ 张留华：《论“逻辑分析”》，《学术月刊》2019 年第 3 期。

句做判断时，命题化的进程才刚刚开始，然后才有了它是否是可断定的思考。在这种认为语言系统直接表征了事件的思考中，杰克逊似乎认为，从认知主体的视角看，语句对命题的表达并不是直接的表达，而是通过对同一对象在识别维度、判断维度上分别的表征，从而才有所建立的表达关系，即间接的表达关系。这似乎提示了在处理自然语句时语言分析先于逻辑分析的诉求。倘若如此，建基其上的直陈条件句理论必须对自然语言的表征系统有所说明。正如杰克逊2006年反思直陈条件句问题时指出的那样，一个好的直陈条件句理论“首先要能给出自然语言中直陈条件句句法型式的基本原理……并且对其真值条件的分析能与自然语言的表征系统相结合”①。就这一点来看，“可断定性”概念在直陈条件句理论中的理论目标并未完全实现。即使我们不采取杰克逊式的“语句—命题—事件”把握方式，而是遵循我们所熟悉的“语句表达命题，命题承载真值，命题的真值表征于语言域之上，使得语句是派生的真值载体”这一讨论方式，我们也必须要阐明“可断定性”就是说话人在语言域上把握到的“真”。唯有如此，“可断定性”的概念内涵才会得到进一步丰富，我们对语句之断言条件的理解才会进一步深化。

（本文编辑：张　顺）

An Assertibility Account of Material Implication Paradoxes

WANG Si-mian

Abstract: Material implication paradoxes are always represented by conditional "counterexamples". Many contemporary philosophers have participated in the discussion of the "counterexamples". In which case, Frank Jackson's unique stance made him stand out from the crowd. On the one hand, he insisted on truth-value semantics which plays a fundamental role in classical logic and defended the sentence as a derived truth-bearer. On the other hand, he introduced robustness as a new notion which applied to

① Jackson, Frank, 2006, "Indicative Conditionals Revisited", Seminar at the Chinese University of Hong Kong, 27 March.

assertibility of sentences, and made the Equivalence thesis—the one based on truth-value semantics —coherent with possibility route from Adams's thesis. Jackson's analysis of assertibility shows that our plausible intuition of conditional counterexamples is attributed to a neglected assertion condition of indicative conditionals, which interferes with our truth-value calculation of conditional propositions.

Keywords: Assertibility; Conditional Counterexamples; Truth Condition; Assertion Condition

弗完全真理论条件句的层级构造

伍岳轩
（香港大学哲学系）

摘　要：本文是对弗完全真理论条件句的一种区别于菲尔德（2008）进路的探索。作者首先从模型赋值的角度对罗西（2016）所提出的单调归纳构造弗完全真理论条件句的方法作了扼要的介绍，指出由该方法得到的真理论在对含真谓词语句的表达力上介于克里普克真理论（1975）与菲尔德真理论（2008）之间，但相对于后者具有较良好的非形式辩护；其次，在指出它仍然对一些悖论性语句保持沉默后，为了解决该不足，作者基于罗西的理论进一步地将他所提出的构造方法推广到了不断新增条件联结词的语言层级上；最后，作者展示了由此所得的真理论在对含真谓词语句的表达力方面强于罗西的真理论，并且每一个新增的条件联结词都具有真值函项性，由此继承了罗西真理论相较于菲尔德真理论在非形式辩护上的优势。

关键词：弗完全真理论；条件句；单调归纳构造；语言层级；多值赋值

1975 年，克里普克发表了形式真理论领域中的经典之作《真理论纲要》[①]，该文使用单调归纳构造的方法得到了一类真理论模型，该类模型有两大显著的特征：（1）排中律在当中的任意模型都失效；（2）当中的任意模型都满足真谓词的封闭性，即满足菲尔德所强调的关于真谓词的“相互可代入性原则”（Intersubstituitivity Principle）（IP 原则）[②]。而满足这两个特征的真理论（模型）也通常被称为“弗完全真理论”（paracomplete theories of truth）。在菲尔德[③]看来，

① Kripke, S., 1975, "Outline of a theory of truth", *The Journal of Philosophy*, 72 (19), pp. 690–716.

② 关于 IP 原则的阐述，可参看 Field, H., 2008, *Saving Truth From Paradox*, Oxford: Oxford University Press, pp. 205–210。

③ Field, H., 2008, *Saving Truth From Paradox*, Oxford: Oxford University Press.

克里普克的真理论是一个相对于真谓词而言的表达力的真理论，主要体现在：（1）理论本身无法断言悖论性语句的真值不确定性。换言之，其理论对悖论性语句保持“沉默”；（2）其满足的逻辑，不论是强克林还是弱克林逻辑，都使得一些关于条件联结词的经典逻辑原理不再有效。换言之，其理论无法表达出让人满意的条件联结词。为此，菲尔德通过单调归纳构造与修正语义相结合的方法提出了一种新的弗完全真理论，该种理论不仅无矛盾地表达了悖论性语句之真值不确定性，还保留了大量关于条件联结词的经典逻辑原理，由此在提升弗完全真理论的表达力方面获得了瞩目的成就。然而，菲尔德的条件联结词并不具有真值函项性，一些条件句的最终真值依据其在修正序列上的复杂表现而定，因此也产生了非形式辩护方面的疑难。如何在既保证弗完全真理论的充足表达力又使得条件联结词的语义足够简洁成了一个新的且富有挑战性的课题。

一 罗西对真理论条件句的赋值构造

罗西在其2016年发表的论文《对克里普克真理论引入一个条件句》① 对克里普克的归纳构造方法进行了推广，借此得到了一类新的弗完全真理论模型，当中的任意模型都含有一个局部定义的卢卡希维茨条件联结词。其理论优势体现在：一方面，相较于任意克里普克的真理论模型，它能够断言大量直观上为真的、含有真谓词的条件句，而当中的一些条件句却不能够在前者中被表达出来；另一方面，相较于菲尔德的真理论模型，虽然它不能够像前者一样保留一些经典有效的条件句模式，但其条件联结词的语义是真值函项的，由此具备简洁性。本节先对罗西的归纳构造方法做出扼要的非形式说明，再从赋值的角度严格地对其进行重塑以及展示所得理论的一些性质。

罗西所提出的方法具体包含了两大归纳构造步骤。首先，令 L 为皮亚诺算术形式语言，而 L_T 则为对 L 引入真谓词所得的语言，即 $L_T = L \cup \{T(x)\}$。令赋值 V_{SK3}^{Ω} 为相对于 L_T 的任意克里普克不动点，具体而言，V_{SK3}^{Ω} 将所有 L_T 的语句分别赋值为0、1和 $\frac{1}{2}$。据此，一个克里普克不动点赋值就会有唯一一个与之对应的

① Rossi, L., 2016, “Adding a Conditional to Kripke's Theory of Truth”, *Journal of Philosophical Logic*, 45(5), pp. 485 - 529.

三元组：$< S_1^+, S_0^+, S_{\frac{1}{2}}^+ >$，其中 $S_1^+ = \{A \in Sent(L_T): V_{SK3}^{\Omega}(A) = 1\}$，$S_0^+ = \{A \in Sent(L_T): V_{SK3}^{\Omega}(A) = 0\}$，$S_{\frac{1}{2}}^+ = \left\{A \in Sent(L_T): V_{SK3}^{\Omega}(A) = \frac{1}{2}\right\}$。我们将其称为一个“克里普克三分组”（Kripke's trichotomy），其中 $S_{\frac{1}{2}}^+$ 被称为“克里普克间隙余集”（Kripke completion gap），因为一方面，该集合恰好收集那些在该克里普克不动点中获得间隙值 $\left(\frac{1}{2}\right)$ 的语句；另一方面，它恰好为 $(S_1^+ \cup S_0^+)$ 在 $Sent(L_T)$ 中的余集，即 $S_{\frac{1}{2}}^+ = Sent(L_T) \setminus (T \cup F)$。罗西指出，克里普克不动点的三分法过于“粗糙”，因为他认为 $S_{\frac{1}{2}}^+$ 中混杂了太多本应该属于 S_1^+ 或 S_0^+ 的语句。比如，说谎者语句 λ 因会导致矛盾而理应被归入 $S_{\frac{1}{2}}^+$，而关于它的条件句 $(\lambda \rightarrow \lambda)$，我们直观上认为可以将其归入 S_1^+ 中，但克里普克不动点将 $(\lambda \rightarrow \lambda)$ 归入 $S_{\frac{1}{2}}^+$ 中。他分析道，根据克里普克归纳构造方法，相对于起点，该方法实际上只归纳地产生二元组 $< S_1^+, S_0^+ >$，而 $S_{\frac{1}{2}}^+$ 相对于起点是“共归纳”（co-inductive）的[①]。因此，一个调取 $S_{\frac{1}{2}}^+$ 信息的方法就是单调归纳地产生该集合（的子集）。该方法具体分为：（1）给定任意的克里普克三元组，我们选择 $S_{\frac{1}{2}}^+$ 的一个子集 G 作为归纳构造的起点；（2）然后我们依据公式的复杂度单调地扩张 G，即不断地往 G 中添加语句。而扩张的规则依据克林三值赋值模式，即将在 S_1^+ 的语句视为获得赋值1，将在 S_0^+ 中的语句视为获得赋值0，而将已经被添加到 G 的语句视为获得赋值 $\frac{1}{2}$；（3）由于对 G 的扩张是单调的，并且 $Sent(L_T)$ 的基数是确定的，因此 G 最终会扩张到一个不动点，我们将其标记为 P。由此，以 S_1^+、S_0^+ 与 G 为起点，我们最终单调归纳地产生了 P。由于 G 是 $S_{\frac{1}{2}}^+$ 的一个子集，而扩张 G 的规则也是依据克里普克归纳构造所使用的克林赋值模式，可得 $P \subseteq S_{\frac{1}{2}}^+$。

接着，在 S_1^+、S_0^+ 以及 P 集的基础上，跟随菲尔德的做法，罗西对语言 L_T 引入一个新的条件联结词，即 $L_T^{\rightarrow} = L_T \cup \{\rightarrow\}$，期望所得到的弗完全真理论借助条件句能够对克里普克的悖论性语句有所说，即调取 $S_{\frac{1}{2}}^+$ 的信息。在理论目标上，罗西同样希望给条件句赋值后所得到的真理论仍然满足真谓词的 IP 原则。但在方法

① 关于 $S_{\frac{1}{2}}^+$ 相对于克里普克归纳构造的起点是共归纳的说明，可参考 McGee, V., *Truth, Vagueness, and Paradox: An Essay on the Logic of Truth*, Indianapolis and Cambridge: Hackett Publishing Company, 1991。

上，不同于菲尔德，罗西采取单调归纳构造的方法来对条件句进行赋值：令 $< S_1^+$，$S_0^+, P >$ 作为新的归纳构造的起点，一方面，由于只剩下条件句以及包含条件句的复合语句需要赋值，我们只需要将各个新的条件句以及包含它的复合语句分类到起点的各个分量上；另一方面，由于期望理论满足任意 $L_T^{\rightarrow}$ 语句 A 与 $T(\ulcorner A \urcorner)$ 获得相同的赋值，我们需要保证任意 A 与 $T(\ulcorner A \urcorner)$ 最终都被划分到起点的某一分量中。对于后者，罗西采取克里普克的单调归纳构造方法来实现；对于前者，将已经被添加到起点 S_1^+ 分量中的语句视为获得赋值 1，将已经被添加到起点 S_0^+ 分量中的语句赋值 0，而将已经被添加到起点 P 分量中的语句视为获得赋值 $\frac{1}{2}$，那么，对条件句的分类规则遵循卢卡希维茨三值赋值模式；而对包含条件句的复合语句的分类，则遵循克林赋值模式。因此，整个构造被罗西称为“卢卡希维茨－克里普克构造”（Lukasiewiz-Kripke construction），简称为“LK 构造”。由于 LK 构造对起点 $< S_1^+, S_0^+, P >$ 的扩充是单调的，并且 $Sent(L_T^{\rightarrow})$ 的基数是确定的，因此 LK 构造会获得一个不动点，可将其记为 $< S_1^{+\Omega}, S_0^{+\Omega}, P^{\Omega} >$。罗西证明了该三元组是一致的，也即 $< S_1^{+\Omega}$，$S_0^{+\Omega}$，$P^{\Omega} >$ 是两两互斥的，并且满足真谓词的 IP 原则。

存在一个与 $< S_1^{+\Omega}, S_0^{+\Omega}, P^{\Omega} >$ 相对应的关于 $L_T^{\rightarrow}$ 的赋值函数，记为 V_{LK}^{Ω}，即它将 $S_1^{+\Omega}$ 分量中的语句视为获得赋值 1，$S_0^{+\Omega}$ 分量中的语句视为获得赋值 0，$S_{\frac{1}{2}}^{+\Omega}$ 分量中的语句视为获得赋值 $\frac{1}{2}$。关键的地方在于，$< S_1^{+\Omega}, S_0^{+\Omega}, P^{\Omega} >$ 并没有穷尽所有 $L_T^{\rightarrow}$ 的语句，例如，可验证包含新条件联结词的库里型语句并不被归类到该三元组的任一分量中。这意味着 V_{LK}^{Ω} 实质上可以是一个四值赋值函数，即它将所有没有被归类到该三元组的任一分量中的 $L_T^{\rightarrow}$ 语句赋值为第四个值。据此，条件句在 V_{LK}^{Ω} 中的赋值规则实际上遵循了相对于四值而言的“局部定义的卢卡希维茨三值赋值模式”。

下面，我们从语句赋值的角度严格重塑 LK 构造，以及阐述所得到的真理论的性质。

定义 1. 定义 $\left\{1, 0, \frac{1}{2}, N\right\}$ 上的一个线序 $\ll$，使得：$0 \ll \frac{1}{2} \ll N \ll 1$。

类似于克里普克的归纳构造，我们会为形式语言 $L_T^{\rightarrow}$ 归纳地构造（可数无穷）多个三值赋值函数序列 $< V_{LK}^{\alpha} : \alpha \in ORD >$，其中 V_{LK}^{α} 是从 $Sent(L_T^{\rightarrow})$ 到

$\left\{1,0,\frac{1}{2},N\right\}$的赋值函数，并且所有这些赋值函数对复合语句的赋值都遵循部分定义的卢卡希维茨赋值模式。该赋值模式的形式定义如下所示：

定义2　对于任意 $\alpha, L_T^{\rightarrow}$ 的任意语句 A，

1. 如果 A 为 $\neg B$，那么 $V_{LK}^{\alpha}(A)=\begin{cases}1 & 若 V_{LK}^{\alpha}(B)=0,\\ 1 & 若 V_{LK}^{\alpha}(B)=1,\\ \frac{1}{2} & 若 V_{LK}^{\alpha}(B)=\frac{1}{2},\\ N & 否则\end{cases}$

2. 如果 A 为 $B\vee C$，那么 $V_{LK}^{\alpha}(A)=max_{\ll}\{V_{LK}^{\alpha}(B)V_{LK}^{\alpha}(C)\}$；

3. 如果 A 为 $B\wedge C$，那么 $V_{LK}^{\alpha}(A)=min_{\ll}\{V_{LK}^{\alpha}(B)V_{LK}^{\alpha}(C)\}$；

4. 如果 A 为 $\exists xB$，那么 $V_{LK}^{\alpha}(A)=max_{\ll}\{V_{LK}^{\alpha}(B[n/x]):n\in\mathbb{N}\}$；

5. 如果 A 为 $\forall xB$，那么 $V_{LK}^{\alpha}(A)=min_{\ll}\{V_{LK}^{\alpha}(B[n/x]):n\in\mathbb{N}\}$；

6. 如果 A 为 $B\rightarrow C$，那么，

$$V_{LK}(A)=\begin{cases}1 & 若 V_{LK}(B)=0, 或者 V_{LK}(C)=1, 或者\ V_{LK}(B)=V_{LK}(C)=\frac{1}{2},\\ 0 & 若 V_{LK}(B)=1\ 并且 V_{LK}(C)=0,\\ \frac{1}{2} & 若 V_{LK}(B)=1\ 并且 V_{LK}(C)=\frac{1}{2}, V_{LK}(C)=\frac{1}{2}\ 并且 V_{LK}(C)=0,\\ N & 否则。\end{cases}$$

给定上述对复合语句的赋值规则，接下来我们只需给出任意序列中赋值函数 V_{LK}^{α} 对原子语句的赋值情况。对此，可以如下归纳的方式给出：

定义 3. 令 $\subseteq$ 为定义在 $\left\{1,0,\frac{1}{2},N\right\}$ 上的偏序，使得：$x\subseteq y$，当且仅当如果 $x\neq N$，那么 $x=y$。

基础步

1. $V_{LK}^{0}(t_1=t_2)=V_{\mathfrak{N}}(t_1=t_2)$，其中 t_1 与 t_2 是 $L_T^{\rightarrow}$ 的闭项，$V_{\mathfrak{N}}$ 是标准算

术模型的赋值函数；

2. $V^0_{LK}(T(t))$ 满足可靠性条件：如果 $t^{\mathfrak{N}}$ 是 $L_T^{\rightarrow}$ 语句 A 的哥德尔编码，那么 $V^0_{LK}(T(\ulcorner A \urcorner)) \subseteq V^0_{LK}(A)$；否则 $V^0_{LK}(T(t)) = N$。

后继步

1. $V^{\beta+1}_{LK}(t_1 = t_2) = V_{\mathfrak{N}}(t_1 = t_2)$，其中 t_1 与 t_2 是 $L_T^{\rightarrow}$ 的闭项；

2. $V^{\beta+1}_{LK}(T(t)) = \begin{cases} N & \text{如果} t^{\mathfrak{N}} \text{不是任何} L_T^{\rightarrow} \text{语句的哥德尔编码，} \\ V^{\beta}_{LK}(B) & \text{如果} t^{\mathfrak{N}} \text{是} L_T^{\rightarrow} \text{语句} B \text{的哥德尔编码。} \end{cases}$

极限步

当 δ 是一个极限序数时，

1. $V^{\delta}_{LK}(t_1 = t_2) = V_{\mathfrak{N}}(t_1 = t_2)$，其中 t_1 与 t_2 是 $L_T^{\rightarrow}$ 的闭项；

2. $V^{\delta}_{LK}(T(t)) = \begin{cases} V^{\beta}_{LK}(T(t)) & \text{如果存在} \beta < \delta \text{使得} V^{\beta}_{LK}(T(t)) \in \{0, \frac{1}{2}, 1\}, \\ N & \text{否则。} \end{cases}$

事实 1（单调性）. 对于任意 β 与 γ，如果 $V^{\beta}_{LK}(T(t)) \subseteq V^{\gamma}_{LK}(T(t))$，那么对于任意 $L_{\alpha}^{\rightarrow}$ 语句 A, $V^{\beta}_{LK}(A) \subseteq V^{\gamma}_{LK}(A)$。

与克里普克归纳构造情况类似，实际上存在可数无穷多个赋值函数满足基础步的可靠性要求，任取其中一个赋值函数，记为 V^0_{LK}。通过上述归纳构造，能够（唯一地）生成以 V^0_{LK} 为起点的序列 $< V^{\alpha}_{LK}: \alpha \in ORD >$，我们记这样的序列为 θ，并将 V^0_{LK} 称为"θ 的初始赋值函数"。下面的事实表明，θ 中的每个元素均是"货真价实"的函数：

事实 2（不动点）. 对于任意归纳序列 θ，都存在 V^{β}_{LK}，使得对于任意 $\alpha > \beta, V^{\alpha}_{LK} = V^{\beta}_{LK}$。我们称这样的 V^{β}_{LK} 为"θ 的不动点"。

由于本文的重点不在于讨论各个不动点之间的关系，而是阐述它们共有的性质，因此为方便起见，记任意 θ 的不动点为 V^{ω}_{LK}。下面即可展示不动点 V^{ω}_{LK} 除

了满足 *IP* 原则，还能够对 $S^{+}_{\frac{1}{2}}$ 的语句“有所说”，因此它具有比克里普克弗完全真理论更强的表达力。

事实 3（IP 原则）．对于任意 $L_T^{\rightarrow}$ 语句 A、B 与 C, B 与 C 在语法上相同，除了其中一个包含了 A 的出现，而另一个包含了 $T(\ulcorner A \urcorner)$ 的出现，那么 $V_{LK}^{\Omega}(B) = V_{LK}^{\Omega}(C)$。

事实 4. 定义 $(A \leftrightarrow B) := (A \rightarrow B) \wedge (B \rightarrow A)$，那么对于任意 $L_T^{\rightarrow}$ 语句 B 与 C，如果 $V_{LK}^{\Omega}(B)$、$V_{LK}^{\Omega}(C) \in \left\{1, 0, \frac{1}{2}\right\}$，那么

1. $V_{LK}^{\Omega}(T(\ulcorner B \urcorner) \leftrightarrow B) = 1$；
2. $V_{LK}^{\Omega}(T(\ulcorner \neg B \urcorner) \leftrightarrow \neg T(\ulcorner B \urcorner)) = 1$；
3. $V_{LK}^{\Omega}(T(\ulcorner B \vee C \urcorner) \leftrightarrow (T(\ulcorner B \urcorner) \vee T(\ulcorner C \urcorner))) = 1$；
4. $V_{LK}^{\Omega}(T(\ulcorner B \wedge C \urcorner) \leftrightarrow (T(\ulcorner B \urcorner) \wedge T(\ulcorner C \urcorner))) = 1$；
5. $V_{LK}^{\Omega}(T(\ulcorner B \rightarrow C \urcorner) \leftrightarrow (T(\ulcorner B \urcorner) \rightarrow T(\ulcorner C \urcorner))) = 1$。

定义 4. 菲尔德式确定算子（*Fieldian Determinateness operator*）D：对于任意 $L_T^{\rightarrow}$ 语句 A, $DA := \neg (A \rightarrow \neg A)$。

事实 5. 对于任意 $L_T^{\rightarrow}$ 语句 A，如果 $V_{LK}^{\Omega}(A) \in \left\{0, \frac{1}{2}\right\}$，那么 $V_{LK}^{\Omega}(\neg DA) = 1$；如果 $V_{LK}^{\Omega}(A) = 1$，那么 $V_{LK}^{\Omega}(\neg DA) = 0$

例 1. 令 *LK* 构造基础步中的第二个条件为：$V_{LK}^{0}(T(t)) = \begin{cases} \frac{1}{2} & \text{若} t^{\mathfrak{R}} = \ulcorner \lambda \urcorner, \\ N & \text{否则} \end{cases}$。可验证由此所得的不动点满足：$V_{LK}^{\Omega}(\lambda) = \frac{1}{2}$，由此 V_{LK}^{0} 能对 λ 作事实 4 所展示的包含条件联结词的各种断言。

二　不动点层级的构造

尽管由 LK 构造所得的不动点具有比克里普克不动点更强的表达力，但罗西的理论面临着与克里普克的弗完全真理论相似的表达力缺陷。

事实 6. 根据哥德尔自指性引理，存在一个语句 ι，使得 $V_{LK}^{\Omega}(\iota) = V_{LK}^{\Omega}(T(\iota) \to \bot)$；根据 IP 原则，$V_{LK}^{\Omega}(\iota) = V_{LK}^{\Omega}(\iota \to \bot)$。可验证 $V_{LK}^{\Omega}(\iota) = N$。

例 2. 对于任意 $L_T^{\to}$ 语句 B 与 C，如果 $V_{LK}^{\Omega}(B) = V_{LK}^{\Omega}(C) = N$，那么

1. $V_{LK}^{\Omega}(T(\ulcorner B \urcorner)) = V_{LK}^{\Omega}(B)$，但 $V_{LK}^{\Omega}(T(\ulcorner B \urcorner) \leftrightarrow B) = N$；
2. $V_{LK}^{\Omega}(T(\ulcorner \neg B \urcorner)) = V_{LK}^{\Omega}(\neg B)$，但 $V_{LK}^{\Omega}(T(\ulcorner \neg B \urcorner) \leftrightarrow \neg T(\ulcorner B \urcorner)) = N$；
3. $V_{LK}^{\Omega}(T(\ulcorner B \vee C \urcorner)) = V_{LK}^{\Omega}(T(\ulcorner B \urcorner) \vee T(\ulcorner C \urcorner))$，
   但 $V_{LK}^{\Omega}(T(\ulcorner B \vee C \urcorner) \leftrightarrow (T(\ulcorner B \urcorner) \vee T(\ulcorner C \urcorner))) = N$；
4. $V_{LK}^{\Omega}(T(\ulcorner B \to C \urcorner) \leftrightarrow (T(\ulcorner B \urcorner) \to T(\ulcorner C \urcorner))) = N$；
5. $V_{LK}^{\Omega}(DB) = N$。

考虑集合 $Sent(L_T^{\to}) \setminus (S_1^{+\Omega} \cup S_0^{+\Omega} \cup P^{\Omega})$，我们将其称为“罗西间隙余集”（Rossi completion gap），那么，事实 6 与例 2 表明罗西的理论对关于它的间隙余集完全保持沉默。罗西辩护道，其理论在表达力上强于克里普克弗完全真理论，而在条件句的哲学辩护上优于菲尔德弗完全真理论，这两点优势足以弥补它对其间隙余集中的语句保持沉默的缺陷。关于其在哲学辩护上的优势，本文将在下一节中作详细的阐述。但当单纯考虑罗西理论的表达力时，仍然难以接受罗西的理论仅仅处理了克里普克不动点的间隙余集问题，而忽略自身的间隙语句问题，因为给人有“拆东墙补东墙”之嫌。这驱使我们去追问：

问题　我们是否可以既保留罗西理论在条件句非形式辩护上的优势，同时又弥补罗西理论对其间隙余集中的保持沉默的缺陷呢？

对该问题的一个自然的解决想法便是：将 LK 构造对克里普克间隙余集的处理方法推广到处理罗西间隙余集的问题上。具体地说，在罗西理论的基础上，我们对其语言再进行扩张——引入一个新的条件句，并且在语义上相应地额外添加一个真值；接着，与 LK 构造方法相似，使用单调归纳构造的方式来对新的条件句进行赋值与获得真谓词的不动点。可设想，所得的不动点依然会遭受类似的间隙余集问题，即对其间隙余集中的语句保持沉默。为了解决该问题，可继续引入新的条件句来扩张语言以及额外增添新的真值，再使用单调归纳构造的方法对新的条件句进行赋值；以此类推，将这种操作不断地进行下去。最终，在语法上，我们会获得一个超穷长度的语言序列，语言在该序列上变得越来越丰富，由此形成一个语言层级；相应地，在语义上会获得一个超穷长度的不动点序列，不动点在该序列上拥有越来越多的真值，还能够利用不断引入的条件句对先前的间隙余集中的语句有所断言。我们称该构造为“层级构造”（hierarchical construction）。

关于该层级构造，有几点需要特别注意。首先，单调归纳构造真谓词不动点的方法本质地依赖于逻辑联结词所谓的“单调性原则”（monotonicity principle）[①]。因为后者保证了在构造过程中，任意语句一旦在某个阶段获得了某个已定义的真值，那么该语句的真值在随后所有阶段都不会发生改变。该原则可表述为：首先，我们将赋值函数的值域称为“真值集”。接着，将真值集的元素分为“已定义的”与“无定义的”两类，如在克里普克不动点的真值集中，我们将 1 、0 视为已定义的真值，而将 $\frac{1}{2}$ 视为无定义的真值；在罗西不动点中，则将 1 、0 、$\frac{1}{2}$ 视为已定义的真值，而将 N 视为无定义的真值。接着，对于任意 n 元逻辑联结词 Φ ，如果 $\Phi(A_1,\cdots,A_n)$ 的真值是已定义的，而存在 A_j 的真值是无定义的，那么对于任意 B，$\Phi(A_1,\cdots,A_j,\cdots,A_n)$ 的真值与 $\Phi(A_1,\cdots,B,\cdots,A_n)$ 的真值相同。例如，在克里普克不动点中，假如 $V_{SK3}^{\Omega}(B\vee C)=1$ ，而 $V_{SK3}^{\Omega}(B)=1$，$V_{SK3}^{\Omega}(C)=\frac{1}{2}$，那么对于任意 A ，$V_{SK3}^{\Omega}(B\vee A)=1$ ；在罗西不动点中，假如 $V_{LK}^{\Omega}(B\rightarrow C)=1$ ，而 $V_{LK}^{\Omega}(B)=0$，$V_{LK}^{\Omega}(C)=\frac{1}{2}$ ，那么对于任意 A，$V_{LK}^{\Omega}(B\rightarrow A)=$

① 对该原则的说明，可参看 Field，H.，2008，*Saving Truth From Paradox*，Oxford：Oxford University Press，p. 83.

1。因此，在层级构造中，我们必须保证所有逻辑联结词满足单调性原则。其次，关于新条件句的赋值规则。回顾 LK 构造中的条件句赋值条件，即定义 2 中的条件 6，可观察到它在满足单调性原则的前提下，能够处理先前属于无定义的真值 $\frac{1}{2}$，即如果 $V_{LK}^{\Omega}(B) = V_{LK}^{\Omega}(B) = \frac{1}{2}$，那么 $V_{LK}^{\Omega}(B \to C) = 1$。因此，在层级构造中，对新引入条件句赋值条件的确定，在满足单调性原则的前提下，使其也能够处理先前属于无定义的真值。最后，由于我们设想任意语句一旦在层级构造的某个阶段中获得某个真值，那么该语句的真值在随后所有阶段都不会发生改变，我们需要将层级构造中先前所获得的不动点作为下一个层级构造的基础。而此操作涉及到一些技术性的处理：首先，关于语句的编码。我们设定，任意语句一旦在某一语言层级中获得了哥德尔编码，那么它在随后所有语言层级中的编码不会发生改变。其次，我们的构造将援用库克①所使用的“伪真值”（pu-seudo value）方法。我们将会给每个层级的真值集引入一个伪真值，该真值将被赋予形如 $T(t)$ 的语句，其中 $t^{\mathfrak{N}}$ 不是当前层级语言的任何一个语句的编码。再次，我们将会选取克里普克最小不动点作为层级构造的起点，但我们所关注的层级构造的理论优势并不依赖于该选择。下面即给出层级构造的形式阐述。

定义 5. 先递归地定义出将要进行解释的语言序列：

1. $L_0 = L_{PA}, L_1 = L_T$；
2. $L_{\alpha+1} = L_\alpha \cup \{\to_\alpha\}$，其中 $1 \leqslant \alpha$；
3. $L_\gamma = \cup_{\beta<\gamma} L_\beta$，其中 γ 是一个极限序数。

我们称序列 $< L_\alpha : \alpha \in ORD >$ 为“语言层级”。

定义 6. 为语言层级中的每一层语言定义相应的真值集：$V_\alpha = \{t, f, n\} \cup \{p_\beta : 0 < \beta \leqslant \alpha\}$。

再针对每个真值集定义两个相应的线序：

$f \ll_1 p_1 \ll_1 \cdots \ll_1 p_\alpha \ll_1 t \ll_1 n; n \ll_2 f \ll_2 p_\alpha \ll_2 \cdots \ll_2 p_1 \ll_2 t$。

① Cook, R. T., 2007, “Embracing Revenge: On the Indefinite Extendibility of Language”, in J. C. Beall (Ed.), *The Revenge of the Liar. New Essays on the Paradox*, Oxford: Oxford University Press, pp. 31 – 52.

我们最终会为语言层级中的每一层语言 L_α 定义相应的不动点 V_α，其中 V_α 是从 $Sent(L_\alpha)$ 到 $\mathcal{V}_\alpha$ 的赋值函数。类似于构造不动点修正序列的方法，我们也会采用水平与垂直两个方向的构造来获得每一个 V_α：在水平方向上，采用克里普克归纳构造来获得关于某一层语言的不动点；在垂直方向上，关于当前语言层次的不动点的构造则依赖于前面语言层次的不动点。我们将水平方向所涉及的构造阶段也称为“微型阶段”，而将垂直方向所涉及的构造阶段称为“超级阶段”。由此，总体上会构造一个关于赋值函数的矩阵 $[V_\alpha^\beta]$，其中 V_α^β 是从 $Sent(L_\alpha)$ 到 $\mathcal{V}_\alpha$ 的赋值函数。所有这些赋值函数对复合语句都遵循下述赋值规则：

定义 7. 对于任意 L_α 语句 A，

1. 如果 A 为 $\neg B$，那么 $V_\alpha^\beta(A) = \begin{cases} t & 若 V_\alpha^\beta(B) = f, \\ f & 若 V_\alpha^\beta(B) = t, \\ V_\alpha^\beta(B) & 否则; \end{cases}$
2. 如果 A 为 $B \vee C$，那么 $V_\alpha^\beta(A) = max_{\leqslant_1}\{V_\alpha^\beta(B), V_\alpha^\beta(C)\}$；
3. 如果 A 为 $B \wedge C$，那么 $V_\alpha^\beta(A) = min_{\leqslant_2}\{V_\alpha^\beta(B), V_\alpha^\beta(C)\}$；
4. 如果 A 为 $\exists xB$，那么 $V_\alpha^\beta(A) = max_{\leqslant_1}\{V_\alpha(B[n/x]) : n \in \mathbb{N}\}$；
5. 如果 A 为 $\forall xB$，那么 $V_\alpha^\beta(A) = min_{\leqslant_2}\{V_\alpha(B[n/x]) : n \in \mathbb{N}\}$；
6. 对于任意 $0 < \gamma < \alpha$，如果 A 为 $B \rightarrow_\gamma C$，那么：，

$$V_\alpha^\beta(a) = \begin{cases} t & 如果 V_\alpha^\beta(\mathrm{a}), V_\alpha^\beta(\mathrm{C}) \in \{p_\kappa : 0 < \kappa \leqslant \gamma\}, \\ V_\alpha^\beta(\neg B \vee C) & 否则。 \end{cases}$$

下面以递归的方式给出每个赋值函数对原子语句的赋值条件。

基础阶段

令 $V_0 = V_{\mathfrak{N}}$。

超级后继阶段

$$V^{0}_{\alpha+1}(A)=\begin{cases} n & \text{如果 } A = T(t) \text{ 并且 } t^{\mathfrak{N}} \text{ 不是一个} L_{\alpha+1} \text{ 语句的哥德尔编码,} \\ V^{\omega_1}_{\alpha}(A) & \text{如果} V_{\alpha}(A) \in V_{\alpha} \setminus \{n\}, \\ p_{\alpha+1} & \text{否则。} \end{cases}$$

微型后继阶段

1. $V^{\beta+1}_{\alpha+1}(t_1 = t_2) = V_0(t_1 = t_2)$，其中 t_1 与 t_2 是 $L_{\alpha+1}$ 的闭项；

2. $$V^{\beta+1}_{\alpha+1}(T(t))=\begin{cases} n & \text{如果} t^{\mathfrak{N}} \text{ 不是一个} L_{\alpha+1} \text{ 语句的哥德尔编码,} \\ V^{\beta}_{\alpha+1}(B) & \text{如果} t^{\mathfrak{N}} \text{ 是} L_{\alpha+1} \text{ 语句 B 的哥德尔编码。} \end{cases}$$

微型极限阶段

当 δ 是一个极限序数时

1. $V^{\delta}_{\alpha+1}(t_1 = t_2) = V_0(t_1 = t_2)$，其中 t_1 与 t_2 是 $L_{\alpha+1}$ 的闭项；

2. $$V^{\delta}_{\alpha+1}(T(t))=\begin{cases} V^{\delta}_{\alpha+1}(T(t)) & \text{如果存在} \beta < \delta \text{ 使得} V^{\beta}_{\alpha+1}(T(t)) \in V_{\alpha+1}\setminus\{p_{\alpha+1}\}, \\ p_{\alpha+1} & \text{否则。} \end{cases}$$

超级极限阶段

当 δ 是一个极限序数时，

$$V^{0}_{\delta}(a)=\begin{cases} n & \text{如果 } A = T(t) \text{ 并且 } t^{\mathfrak{N}} \text{ 不是一个} L_{\delta} \text{ 语句的哥德尔编码,} \\ V^{\omega_1}_{\beta}(A) & \text{如果存在 } \beta < \gamma \text{ 使得} V_{\beta}(a) \in V_{\beta} \setminus \{n\}, \\ p_{\delta} & \text{否则。} \end{cases}$$

定义 8. 将关系 $\subseteq$ 扩张到 V_α 上：$x \subseteq y$，当且仅当 $x = p_\alpha$ 或者 $x = y$，其中 $\alpha > 0$。

定理 1（单调性）. 对于任意的 $\alpha > 0$、β 与 γ，如果 $V^{\beta}_{\alpha}(T(t)) \subseteq V^{\gamma}_{\alpha}(T(t))$，那么对于任意的 L_α 语句 A, $V^{\beta}_{\alpha}(A) \subseteq V^{\gamma}_{\alpha}(A)$。

证明. 以 $A = B \to_\gamma C$ 作为例子。归纳假设：$V^{\beta}_{\alpha}(B) \subseteq V^{\gamma}_{\alpha}(B)$、$V^{\beta}_{\alpha}(C) \subseteq V^{\gamma}_{\alpha}(C)$。

（1）如果 $V_{\alpha}^{\beta}(A)=n$，那么或者 $V_{\alpha}^{\beta}(B)=n$，或者 $V_{\alpha}^{\beta}(C)=n$，根据归纳假设，或者 $V_{\alpha}^{\gamma}(B)=n$，或者 $V_{\alpha}^{\gamma}(C)=n$，因此 $V_{\alpha}^{\gamma}(A)=n$；

（2）如果 $V_{\alpha}^{\beta}(A)=t$，那么（i）或者 $V_{\alpha}^{\beta}(b),V_{\alpha}^{\beta}(C)\in\{p_{\kappa}:0<\kappa\leqslant\gamma\}$，（ii）或者 $V_{\alpha}^{\beta}(C)=t$，（iii）或者 $V_{\alpha}^{\beta}(B)=f$。对于（i），根据归纳假设，可得 $V_{\alpha}^{\gamma}(A)=t$；对于（ii）和（iii），根据层级构造，对于任意 α 与任意语句 A，不存在 β 与 γ 使得 $V_{\alpha}^{\gamma}(A)=n$，而 $V_{\alpha}^{\beta}(A)\neq n$，再根据归纳假设，$V_{\alpha}^{\gamma}(A)=t$；

（3）如果 $V_{\alpha}^{\beta}(A)=f$，那么 $V_{\alpha}^{\beta}(B)=t,V_{\alpha}^{\beta}(C)=f$，根据归纳假设，$V_{\alpha}^{\gamma}(A)=t$；

（4）如果 $V_{\alpha}^{\beta}(A)\in V_{\alpha}\setminus\{t,f,n,\cdots\}$，那么 $V_{\alpha}^{\beta}(B)\neq p_{\alpha}$，$V_{\alpha}^{\beta}(C)\neq p_{\alpha}$，根据归纳假设，$V_{\alpha}^{\beta}(B)=V_{\alpha}^{\gamma}(B)$ 并且 $V_{\alpha}^{\beta}(C)=V_{\alpha}^{\gamma}(C)$，因此 $V_{\alpha}^{\gamma}(A)=max_{\ll 1}\{V_{\alpha}^{\gamma}(B),V_{\alpha}^{\gamma}(C)\}=V_{\alpha}^{\beta}(A)$。

定理 2（不动点）. 对于任意 $\alpha>0$ 与 L_{α} 语句 A，如果 $V_{\alpha}^{0}(A)\subseteq V_{\alpha}^{1}(A)$，那么 $V_{\alpha}^{\omega_1}(A)=V_{\alpha}^{\omega_1+1}(A)$。

定理 3. 对于任意 $\alpha>0$ 与 L_{α} 语句 $A,V_{\alpha}^{0}(A)\subseteq V_{\alpha}^{1}(A)$。

推论 1. 对于任意的 $0\leqslant\beta<\alpha$ 以及任意的 L_{β} 语句 A，如果 $V_{\beta}(A)\in V_{\beta}\setminus\{n\}$，那么 $V_{\beta}(A)=V_{\alpha}(A)$。

定理 4（一致性）. 对于任意 α,V_{α} 都是函数，即任意 L_{α} 语句在 V_{α} 下都获得唯一的真值。

对于任意 α，令 $V_{\alpha}=V_{\alpha}^{\omega_1}$，据此，可为语言层级构造了一不动点序列 $<V_{\alpha}:\alpha\in ORD>$，我们将其称为"不动点层级"。根据定理 2，不动点层级的每一个元素都是关于其所对应语言的克里普克不动点；根据推论 1，语言层级中的任意语句一旦在不动点层级的某个不动点中获得一个非伪真值，那么往后的不动点对其赋值保持不变；再根据定理 4，我们知任意语句在不动点层级中只会获得唯一的非伪真值。由是观之，在语法上，随着语言层级的攀升，语言变得越来越丰富；在语义上，在对原有语句赋值保持不变的基础上，越来越多的"新"语句在不动点层级中获得真值并就此固定下来。不难验证，将 V_1 的赋值函数限制到 $\{t,f,p_1\}$ 所得到的赋值函数即为克里普克最小不动点。下面，我们来展示不动点层级在表达力上的特征。

定义 9. 对于任意 α，定义 $(A \leftrightarrow_{\alpha} B) := (A \rightarrow_{\alpha} B) \wedge (B \rightarrow_{\alpha} A)$。

定理 5. 对于任意 L_{β} 语句 B、C 以及 $\exists xA$，如果 $V_{\beta}(B)$、$V_{\beta}(C)$、$V_{\beta}(\exists xA) \in V_{\beta} \setminus \{n\}$，那么对于任意 $0 < \beta \leqslant \gamma < \alpha$，

1. $V_{\alpha}(T(\ulcorner B \urcorner)) \leftrightarrow_{\gamma} B) = t$
2. $V_{\alpha}(T(\ulcorner \neg B \urcorner) \leftrightarrow \gamma \neg T(\ulcorner B \urcorner)) = t$；
3. $V_{\alpha}(T(\ulcorner B \vee C \urcorner) \leftrightarrow_{\gamma} (T(\ulcorner B \urcorner) \vee T(\ulcorner C \urcorner))) = t$；
4. $V_{\alpha}(T(\ulcorner \exists xA \urcorner) \leftrightarrow_{\gamma} \exists xT(\ulcorner A \urcorner)) = t$
5. $V_{\alpha}(T(B \rightarrow_{\kappa} C) \leftrightarrow_{\gamma} (T(\ulcorner B \urcorner) \rightarrow_{\kappa} T(\ulcorner C \urcorner))) = t$，其中 $0 < \kappa < \beta$。

定理 5 表明了对于语言层级中的任意语言，关于该语言的真谓词律则（laws）均能在不动点层级中该语言所对应层级往后的不动点中获得。除此之外，我们还能在不动点层级中定义出类似于菲尔德的不确定算子：

定义 10. 定义“层级确定算子”（*hierarchical determinateness operators*）D_{α}：对于任意 L_{α} 语句 A、$D_{\alpha}A := \neg (A \rightarrow_{\alpha} \neg A)$，其中 $\alpha > 0$。

定理 6. 对于任意 $0 < \beta \leqslant \gamma < \alpha$，以及任意 L_{β} 语句 A，如果 $V_{\beta}(a) \in \{f\} \cup \{p_i : 0 < i \leqslant \beta\}$，那么 $V_{\beta}(\neg D\gamma T\ulcorner A \urcorner) = t$。特别地，如果 $V_{\beta}(a) \in \{p_i : 0 < i \leqslant \beta\}$，那么 $V_{\alpha}(\neg D\gamma T\ulcorner \neg A \urcorner) = t$。

定理 6 表明了对于语言层级中的任意语句，如果该语句在不动点层级中的某一层不动点中获得了间隙值，那么我们能在该层级往后的不动点中断言该语句并非确定是真的也并非确定为假的。

三　不动点层级条件句的非形式辩护

正如前文提及，罗西认为，相对于菲尔德的弗完全真理论，其理论在条件句非形式辩护上的优势足以弥补其表达力方面的缺失。我们将该理论优势总结如下。

首先，他指出条件句在 LK 构造所得的不动点中可被理解为比较前后件真值的工具。正如定义 2 条件 6 所给出的关于条件句的赋值条件，该赋值条件具有真值函项性：只要给定前后件在不动点中的真值，通过 $\ll$ 关系，就能唯一地确定该条件句的真值。也即，对于任意 $L_T^{\rightarrow}$ 语句 B 与 C：

$$V_{LK}^{\Omega}(B \rightarrow C) = \begin{cases} 1 & \text{如果} V_{LK}^{\Omega}(B) = V_{LK}^{\Omega}(C) = \frac{1}{2}, \\ max_{\ll}\{V_{LK}^{\Omega}(\neg B), V_{LK}^{\Omega}(C)\} & \text{否则。} \end{cases}$$

其次，在定义了与 LK 构造相应的逻辑后承关系后[①]，记为 $\models_R$，他指出在 LK 构造所得的不动点中可以完整地刻画条件句的引入规则：

$\Gamma, A \models_R B$，并且 $\Gamma \models_R (A \vee \neg A) \vee B \vee [(A \leftrightarrow \neg A) \wedge (B \leftrightarrow \neg B)]$，当且仅当 $\Gamma \models_R A \rightarrow B$。

由此，探究条件句在不动点层级中是否也具有以上两点优势，对于评价不动点层级的价值来说至关重要。首先，根据层级构造中条件句的赋值条件，可得：对于任意 $0 < \gamma < \alpha$：

$$V_{\alpha}^{\beta}(B \rightarrow_{\gamma} C) = \begin{cases} t & \text{如果} V_{\alpha}^{\beta}(b), V_{\alpha}^{\beta}(C) \in \{p_{\kappa}: 0 < \kappa \leqslant \gamma\} \\ \max_{\ll_1}\{V_{\alpha}^{\beta}(\neg B), V_{\alpha}^{\beta}(C)\} & \text{否则。} \end{cases}$$

因此，不动点层级中的所有条件句都具有真值函项性：对于任意条件句，

① Rossi, L., 2016, "Adding a Conditional to Kripke's Theory of Truth", *Journal of Philosophical Logic*, 45 (5), p. 519.

只要给定前后件在某个层级不动点中的非伪真值，通过 $\ll_1$ 关系，就能唯一地确定该条件句的真值。由此，不动点层级中的条件句可被理解为前后件真值比较的工具。下面，我们来探讨不动点层级对条件句引入规则的刻画问题。

为了定义与不动点层级相匹配的逻辑后承关系，可先对原先微型阶段构造的起点作修改：

修改

1. $V_\alpha^0(t_1 \in t_2) = V_0(t_1 \in t_2)$，其中 t_1 与 t_2 是 L_α 的闭项；

2. $V_\alpha^0(T(t))$ 满足可靠性条件：如果 $t^{\mathfrak{N}}$ 是 L_α 语句 A 的哥德尔编码，那么 $V_\alpha^0(T(\ulcorner A \urcorner)) \subseteq V_\alpha^0(A)$，其中 $\alpha > 0$。否则，$V_\alpha^0(T(t)) = n$。

由于任意满足上述修改条件的赋值函数 V_α^0 都能够保证：对于任意 L_α 语句 A，$V_\alpha^0(A) \subseteq V_\alpha^1(A)$，因此，以任意这样的赋值函数作为起点，根据微型阶段的构造与定理 1，必定产生相应的不动点 V_α。据此，可为语言层级中的每一层语言定义相应的逻辑后承关系。

定义 11（关于 L_α 的逻辑后承关系 $\models_\alpha$）. 对于任意 L_α 语句 $B, \Gamma \models_\alpha B$，当且仅当对任意由满足修改条件的 V_α^0 而产生的不动点 V_α，如果对于任意 L_α 语句 $A \in \Gamma, V_\alpha(A) = t$，那么 $V_\alpha(B) = t$。特别地，当 $\Gamma = \phi$，称 B 是 L_α 逻辑有效的。

定理 7. 对于任意 L_α 语句 A 与 B，以及任意 $\Gamma \subseteq Sent(L_\alpha)$，令 $H_\beta(A,B)$ 为 $(A \vee \neg A) \vee B \vee [(A \leftrightarrow_\beta \neg A) \wedge (B \leftrightarrow_\beta \neg B)]$ 的缩写，其中 $0 < \beta < \alpha$：

$$\Gamma, A \models_\alpha B\text{，并且 }\Gamma \models_\alpha H_\beta(A,B)\text{，当且仅当 }\Gamma \models_\alpha A \rightarrow_\beta B\text{。}$$

证明.（$\Leftarrow$）为了证明的简便，令 $\Gamma = \phi$。选取任意 M_α^H，假设 $\models_\alpha A \rightarrow_\beta B$，也即 $V_\alpha(A \rightarrow_\beta B) = t$。接着，根据 $\rightarrow_\beta$ 的赋值条件，或者 $V_\alpha(a), V_\alpha(b) \in \{p_\kappa : 0 < \kappa \leq \beta\}$，或者 $V_\alpha(\neg A \vee B) = t$；对于前者，显然 $A \models_\alpha B$，并且 $V_\alpha(A \leftrightarrow_\beta \neg A) = V_\alpha(B \leftrightarrow_\beta \neg B) = t$，因此 $\models_\alpha H_\beta(A,B)$；对于后者，或者 $V_\alpha(B) =$

t，或者 $V_\alpha(A)=f$，又或者 $V_\alpha(A)=t$，那么 $V_\alpha(B)=t$，任何一种情况都能保证 $A\models_\alpha B$ 与 $\models_\alpha H_\beta(A,B)$。

($\Rightarrow$) 对此可挑选其中一种情况作证明。假设存在 M_α^H 使得 $V_\alpha(A\leftrightarrow_\beta\neg A)=V_\alpha(B\leftrightarrow_\beta\neg B)=t$，再根据 $\rightarrow_\beta$ 的赋值条件，$V_\alpha(a),V_\alpha(b)\in\{p_\kappa:0<\kappa\leqslant\beta\}$，因此 $V_\alpha(A\rightarrow_\beta B)=t$，也即 $\models_\alpha A\rightarrow_\beta B$。

定义 12. 对于 L_α，称定理 7 中由左至右的蕴涵条件为关于条件句 $\rightarrow_\beta$ 的引入规则，其中 $0<\beta<\alpha$。我们将其标记为 ($L_\alpha\rightarrow_\beta$ – Intro)。

给定任意 L_α 与 $\rightarrow_\beta$，其中 $0<\beta<\alpha$，定理 7 中的等价式保证了（$L_\alpha\rightarrow_\beta$ – Intro）涵盖了所有 $\rightarrow_\beta$ 条件句的逻辑有效式。这一性质克服了菲尔德弗完全真理论中条件联结词引入规则的受限性①，并且满足了罗西所提出的“关于条件句引入规则的真正条件”（genuine conditions for conditional-introduction）②。由此，不动点层级的条件句完整地保留了罗西条件句在非形式辩护上的两点优势。在此基础上，再考虑理论的表达力，那么不动点层级就相当于为我们提供了相较于罗西不动点而言更优的模型，因为不动点层级的不动点除了保留了前者在非形式辩护上的优势，而且增强了前者的表达力。下面以（$L_3\rightarrow_2$ – Intro）为例予以说明。

例 3. 考虑事实 6 所展示的针对罗西条件联结词的库里型语句 ι，以及说谎则语句 λ，它们都能够在 L_3 中表达，并且 $\lambda\models_3\iota,\models_3H_2(\lambda,\iota)$，那么根据定理 7，$\models_3\lambda\rightarrow_2\iota$。这意味着关于 $\rightarrow_2$ 的引入规则除了能够调取获得克里普克间隙余集的信息外，还能够调取罗西间隙余集的信息，然而罗西条件句的引入规则仅能调取克里普克间隙余集的信息。

应注意的是，不动点层级中不动点表达力的不断增强，本质地得益于我们不断地引入“越来越强”的条件句。用下面的定理可严格表述条件句“越来越

① 关于菲尔德弗完全真理论条件联结词引入规则的受限性，可参看 Field, H., 2008, *Saving Truth From Paradox*, Oxford: Oxford University Press, pp. 266–271。

② Rossi, L., 2016, “Adding a Conditional to Kripke's Theory of Truth”, *Journal of Philosophical Logic*, 45 (5), p. 502.

强”的特征。

定理 8. 对于任意 $0 < \beta \leqslant \gamma < \alpha$，以及任意 L_α 语句 B 与 C，如果 $V_\alpha(B \rightarrow_\beta C) \in V_\alpha \setminus \{p_\kappa : \beta < \kappa \leqslant \gamma\}$，那么 $V_\alpha(B \rightarrow_\gamma C) = V_\alpha(B \rightarrow_\beta C)$；如果 $V_\alpha(b)$，$V_\alpha(C) \in \{p_\kappa : \beta < \kappa \leqslant \gamma\}$，那么 $V_\alpha(B \rightarrow_\gamma C) = t$，但是 $V_\alpha(B \rightarrow_\beta C) \neq t$。

正如库克论证道①，语义悖论反映了一个深刻的问题：我们无法一致地同时获得真谓词的 IP 原则以及满足经典律则与规则的条件句。例如，库里悖论体现了一个形式真理论无法同时一致地满足关于条件句的收缩规则、分离规则与 IP 原则。据此，如果我们坚持 IP 原则，那么应该力求以最小的代价来放弃一些关于条件句的经典律则与规则。为此，一条行径是将满足经典律则与规则的条件句视为“不可触及”的（unattainable)，代之以逐个非经典的条件联结词来逼近它。而本文所提出的不动点层级正是该行径上的一个尝试：不动点层级中所有条件联结词都是非经典的，没有一个条件联结词的语义能够完整地满足经典律则与规则。但关于某一层语言的条件联结词经典律则与规则，能够在随后新引则的条件句所完整地满足，如定理 8 所示，随着层级的上升，会拥有越来越强的条件句。我们最后以关于 L_β 的条件句收缩律则与分离律则作为例子予以说明：

例 4. 对于任意 $0 < \beta \leqslant \gamma < \alpha$，以及任意 L_β 语句 A 与 B，如果 $V_\beta(A)$，$V_\beta(B) \in \{t, f\} \cup \{p_i : 0 < i \leqslant \beta\}$，试考虑不动点层级中的不动点，$M_H^\alpha$，我们有：

1. $V_\alpha((A \rightarrow_\gamma (A \rightarrow_\gamma B)) \rightarrow_\gamma (A \rightarrow_\gamma B)) = t$
2. $V_\alpha((A \wedge (A \rightarrow_\gamma B)) \rightarrow_\gamma B) = t$。

［基金项目：国家社会科学基金重大项目（编号：18ZDA031）］

（本文编辑：张　顺）

① Cook, R. T., 2007, “Embracing Revenge: On the Indefifinite Extendibility of Language”, in J. C. Beall (Ed.), *The Revenge of the Liar. New Essays on the Paradox*, Oxford: Oxford University Press, pp. 31 – 52.

A Hierarchical Construction of Conditionals in Paracomplete Theory of Truth

WU Yue-xuan

Abstract: This paper is an exploration of the conditional in paracomplete theory that is distinguished from the approach proposed by Field (2008). Firstly, we introduce the paracomplete theory of truth proposed by Rossi (2016) from the view of evaluation, indicating that in respect of the expressive power of asserting sentences containing predicate truth, his theory is intermediate between Kripke's theory (1975) and Field's theory (2008), while it has a better informal justification compared to the latter. Secondly, after indicating that Rossi's theory also keeps silent on some paradoxical sentences, in order to resolve such an expressive deficiency, we generalize his method of construction to the hierarchy of languages which constantly introduces new conditionals. Lastly, we show that the resulting theory of truth is not only better than Rossi's theory in respect of the expressive power of asserting sentences containing predicate truth but also inherits the advantage of Rossi's theory relative to Field's theory in that every conditional in the hierarchy of languages is truth-functional and thus has a better informal justification.

Keywords: Paracomplete Theory of Truth; Conditionals; Construction; Hierarchy of Languages; Plurivaluation

多主体的规范推理研究初探

崔娜娜

（北京师范大学哲学学院）

摘　要：多主体的规范推理是近几年流行的多主体系统和道义逻辑的交叉研究。经典道义逻辑的研究对象是规范性命题，而不是通常意义上的规范（norm）。本文的主要目的是厘清规范和命题这两个概念的联系和区别，并试图分析多主体状态下的规范推理过程。经初步研究发现，可以得出传统词项逻辑三段论中能够刻画一部分多主体规范推理的结论。

关键词：命题；规范；义务；群体规范

一　引言

作为现代逻辑研究分支之一，道义逻辑是主要研究含有允许、必须等规范性词语（概念）的句子以及推理的模态逻辑系统。20 世纪 50 年代，逻辑学家 von Wright《道义逻辑》的发表，被广泛认为是现代道义逻辑的开端。而多主体的规范推理研究，是道义逻辑领域近期兴起的一个热门话题，仍有很多未解决和值得深入探讨的问题。即使是关于像群体规范（group norm）[①] 这样的标准定义问题，在道义逻辑的文献中也依旧存在争议，还没有形成一个令人满意的共识。Royakkers 和 Dignum[②] 认为集体义务（collective obligation）是针对一群需要完成某项任务的对象主体的义务，也就是说，某个群体作为一个整体有责任、有义务去完成某个特定的目标。然而，在《集体义务及承诺》一文中，他们明

① Tina Balke, et al., "Norms in MAS: definitions and related concepts", In *Normative Multi-Agent Systems*, *Schloss Dagstuhl—Leibniz-Zentrum fuer Informatik*, Volume 4, 2013, pp. 1 – 31.

② Lambèr Royakkers and Frank Dignum, "Collective Obligation and Commitment", In *Proceedings of the13th International Conference on Database and Export Systems Applications* (DEXA), 2001, pp. 302 – 311.

确指出，“骑自行车的人必须给骑摩托车的人让路”是限定性的一般义务，人们不会把这种义务看作群体义务或者群体规范。因为此类形式的义务只是针对个体的责任和行为。根据他们的定义，群体规范针对的是整个集体的，影响的是集体行为，而非某些个体的行为。而 Aldewereld 等人在《多主体组织机构中的群体规范》① 中认为这仍然是一类群体规范，并且给出了不同形式的群体规范示例。举个例子，对于某个小组需要提交成绩测评报告任务有如下规定：“小组组长必须 12 点之前提交成绩评测报告，否则该小组的每个成员都会不及格。”作者认为，此任务看起来针对的是小组领导，执行人也必须是其小组领导人，但是群体每个成员都负有责任。一旦任务没有完成，受到惩罚的将是群体所有成员。因此，也可以被看作群体义务。基于这些争议，本文将“给出一个相对标准的群体规范的定义”作为首要目的。

另外，某些群体规范可以直接强调群体成员，从而明确个体的规范。例如，“所有的学生可以免费参观画展”。通过此规定，我们可以知道任意一个学生都准许免费参观画展。但也存在不同的情况，群体成员并不能从群体规范中得到明确的个人规范。举例来说，“投稿文章一旦被接受，至少需要一位文章的作者注册会议”。如果一篇文章有三位作者，而李梅是其中之一，李梅并不能明确自己是否必须注册会议。

因此，当发布人一旦给出某个群体规范或准则的时候，哪些成员负有责任？哪些是执行人？当违反规定的时候，谁又会受到惩罚？这些都是研究多主体规范需要讨论清楚的问题。

二 研究对象的转换

有必要澄清的一个问题是，我们的研究对象不再基于经典道义逻辑研究的规范命题，而是规范。

经典的道义逻辑研究是基于道义命题或者说是规范性命题的，其想要研究的具体对象是含有允许、必须等词语的道义句子。例如，“这儿不允许停车”。Ingemar Hedenius② 指出，可以从两个方面解读这个句子：一方面是规定性（pre-

---

① Huib Aldewereld, Virginia Dignum, and Wamberto Vasconcelos, “Group norms for multi-agent organisations”, *ACM Transactions on Autonomous and Adaptive Systems*, 11, 2016.

② Georg Henrik von Wright, “Deontic Logic”, *Mind*, 60, 1951.

scriptive）含义，理解为对停车这种行为的禁止；另一方面是描述性（descriptive）含义，理解为只是传递了信息。这也是规范和规范性句子的区别。规范规定的是什么样的行为可以做或者可以不做，应该做或者禁止做等。而规范性命题是根据存在的、已知的规范，描述某种行为的状态。因此，我们可以说遵守或者违反了规定（规范），但规范并没有真值，而规范性句子是有真假的。

那么，问题是，道义逻辑应该是规范性命题逻辑还是规范逻辑呢？

根据 von Wright 早期的思想，“真正”的道义逻辑应该是规范逻辑。在《规范和行动》中，他专门分析了规范的概念性问题，讨论了六大类规范。他还指出，规范有六大要素，即规范的主体、客体、场合、应用条件、性质和内容。其中规范的应用条件、性质和内容称作是规范的核心（norm-kernel）①，也是所有规范在逻辑框架上表现出来的共性。

在 von Wright 早期的道义逻辑系统（1951）中，出现在公式中的字母 p，q，……表示的是类属行动（generic actions），具有表现值②，类似于命题的真值。他把“允许”作为初始模态词。在这种形式的逻辑系统中有两点区别于传统的模态逻辑：第一点，模态词不可以重叠，也就是说，像 OOp 这样的表述就不是合式公式；第二点，有些表达式，如 $Op \rightarrow p$ ，也不是合式公式。他用类似于真势模态逻辑的方式来处理道义逻辑，但同时也注意到了二者之间主要的不同，“重言式的行为并不必然是义务，矛盾式的行为也不必然是禁止的”③。

三　联结词对规范的适用问题

前面提到，只有命题有真假，规范并不存在真假。用联结词来联结命题，得到的仍是命题。但否定、合取或者析取来联结规范，得到的结果是否仍是规范是不确定的。因此，如何形成更复杂的规范以及真值联结词是否可以作用到规范中，也是必须分析清楚的一个问题。

---

① Georg Henrik Von Wright，“On the logic of norms and actions”，in Hipinen，R.（ed.），*New Studies in Deontic Logic*，D. Reidel Publish Company，1981.

② 表现值的意思是，行动是否可执行。行动可执行，类似于命题为真。行动不可执行，类似于命题为假。

③ 重言式的行动，例如，$p \vee p$ ，命题逻辑中称之为重言式，在 von Wright 的文献中，称为重言式的行动（tautologous act）。矛盾式的行动（contradictory act）类似于命题逻辑的矛盾式。

（一）规范的否定

表1　　否定规范的两种方式

	原始句	否定模态词	否定动词
必须	必须弹琴	不必须弹琴	必须不弹琴
允许	可以弹琴	不可以弹琴	可以不弹琴
禁止	禁止弹琴	不禁止弹琴	禁止不弹琴

如表1所示，否定一个规范有两种方式，否定实体动词和否定模态词。第一种方式是把否定词放在实体动词前。例如，否定“妈妈允许李梅弹钢琴”，就会得到“妈妈允许李梅不弹钢琴”。毫无疑问，这种情况下，得到的仍然是一个规范。第二种方式，是把否定词放在整个规范性句子前，可以等同地理解为把否定词放在“必须”“可以”“禁止”这种规范性词语前，来否定模态词。例如，否定“妈妈允许李梅弹钢琴”，就会得到“妈妈不允许李梅弹钢琴”。我们认为第二种方式是否定规范的正确方式，经典逻辑中命题的否定也是否定整个句子。但根据句子表达的意思，我们有两种不同的角度来理解规范的否定。

下面举例来说明“并非‘允许弹琴’”。如果这个句子表达的是对弹琴的禁止，那么这就是一个规范。因为它没有陈述任何真或假的事情，只是规定了弹琴这个行为不可以做。但如果这个句子仅仅给出信息，关注是否存在“允许弹琴”的规定，它描述的是不存在“允许弹琴”的规定，那么这个句子是有真假的，就不是规范，而是命题。

（二）规范的合取和析取

我们举例说明：

（例1）要么保持安静，要么出去。

在传统命题逻辑中，这被认为是不相容的选言命题。从道义逻辑的角度来看，用形式语言表示为$O\alpha \vee O\beta$（为了和命题字母p、q等有区别，这里用α、β等表示行动），规定的是主体在某个场合下对“保持安静”和“出去”这两种行动的二选一。因此，这个句子仍然是规范。

（例2）参加晚宴必须穿礼服，并且必须化妆。

类似地，这个句子在传统命题逻辑中被认为是联言命题。同样从道义逻辑的角度来看，用形式语言表示为 $O\alpha \wedge O\beta$ ，表达的是主体参加晚宴必须执行的两种行为“穿礼服”和“化妆”。因此，这个句子也可以理解成规范。

很明显，如果用“并且”“或者”来联结两个规范，得到的仍然是规范。因此，规范的合取和析取，仍是规范。

（三）规范的蕴涵

用“如果……，那么……”来联结规范，情况要比否定、合取和析取复杂得多。我们采用命题逻辑的称谓，逗号前半部分称为句子的前件，后半部分称为后件。前后件组合究竟是规范还是规范性命题，主要取决于句子的后件的情况。接下来我们分情况讨论。

第一种情况，句子后件本身是一个规范。例如，“如果周围有小孩，禁止吸烟。”这个句子规定的是在周围有小孩的前提下，对吸烟行为的禁止。因此，这是一个规范，是一个有限制条件的规范。但有一种特殊的情况需要注意，例如，母亲对她的孩子说，“如果其他小孩被允许出去玩，那么你也可以出去玩”。前件看起来似乎是一个规范，容易误解成规定其他小孩出去玩的行为。但事实上这是一个规范性的命题，它表达的是，如果有这样的规范存在，“那么你也可以出去玩”。因此，上述条件句整体上依旧是一个规范。

第二种情况，句子的后件是一个规范性命题。例如，“如果李梅必须弹琴，那么她不允许不弹琴”。类似地，这个句子的后件看起来似乎也是一个规范，对行为“不弹琴”的禁止。但考虑整个句子所表达的意思，实际上是，根据前面存在的一个“义务性”的规范，得到了一个“允许”性的新规范。也就是说，后件表达的意思是存在“不允许不弹琴”的规范。因此，整个条件句是有真假值的。换句话说，这是一个命题，不再是一个规范。

四　群体规范的概念性问题

多主体的规范推理主要研究个体的义务、责任等在群体规范的作用下如何受到影响。那么，如何正确地理解群体规范的概念则是重中之重。

我们仍然采用 Aldewereld 等人在《多主体组织机构中的群体规范》中的例子来说明，“小组组长必须 12 点之前提交成绩评测报告，否则该小组的每个成员都会不及格”。假设这个句子只有前半部分“小组组长必须 12 点之前提交成绩评测报告”，可以看出这个规范的客体（接收人，addressee）仍然是一个群体，但规范的执行人是个体。这种情况下，我们认为这并不能看作一个群体规范。因此，依据规范的客体是个体还是群体来判定一个规范是否是群体规范，这是不准确的。然而，从完整的句子看，这个群体的全员都对此规范负有责任。因为一旦违反规范，每个人都会受到惩罚。谁有责任，谁受惩罚。也就是说，这是需要整个群体来确保规范的执行，从而属于群体规范。如果只是由团体的领导者单独来确保这个规范执行，那么就不属于群体意义上的规范。因此，判定一个规范是否为群体意义上的规范，还要取决于是由成员个体还是群体确保规范的执行或实现。根据这样的理解，我们可以给出标准的群体规范的定义：

> 群体规范是那些针对群体而言，由群体负责执行的规范，或者由个体负责执行，但规范规定的内容（行为）是群体行为的规范。

根据群体规范针对的主体和内容，可以将群体规范分为两大类。第一类群体规范是实施者只是群体的某个个体，但负有责任的却不仅仅是个体，而是群体，如同文中的例子。第二类群体规范的执行人是群体，但对规范负有责任的可以是个体，也可以是群体。

五 多主体规范中存在的推理问题

明确了群体规范的概念之后，我们需要研究的就是个体的义务、责任等在群体规范的作用下如何受到影响，或者说，个体如何从群体规范中推理出新的个人规范。

（一）三段论式的道义推理

首先，熟悉传统三段论理论的读者都会同意，经典的三段论只是关注词项（名词短语）以及它们之间的关系，并不关心前提和结论是命题还是规范。我们可以把它推广到规范的推理中。

（例3）
规范：所有的学生都可以免费参观画展。
命题：李梅是一个学生。
结论：李梅可以免费参观画展。（规范）
（例4）
规范：所有的学生都可以免费参观画展。
命题：这个旅行团的成员都是中学生。
结论：这个旅行团全员可以免费参观画展。（规范）
（例5）
规范：所有的学生都可以免费参观画展。
命题：这个旅行团有些成员是学生。
结论：这个旅行团有些成员可以免费参观画展。（规范）
（例6）
规范：成人禁止免费参观画展。
命题：这个旅行团的成员都是成人。
结论：因此，这个旅行团禁止免费参观画展。（规范）
（例7）
规范：成人禁止免费参观画展。
命题：这个旅行团的有些人是成人。
结论：因此，这个旅行团有些人禁止免费参观画展。（规范）

其次，我们考虑结合道义模态词的情况。

（例8）
规范：所有的中学生在校园里都必须穿校服。
命题：高中部的学生也都是中学生。
结论1：因此，高中部的学生在校园里也都必须穿校服。（规范）
结论2：因此，高中部的学生在校园里也都允许穿校服。（规范）

在例8中，我们得到了两个结论。事实上，结论1是运用了三段论的推理规则，结论2是运用了道义逻辑的推理规则。很明显，我们也可以先运用道义逻辑的推理规则。

(例8*)
规范：所有的中学生在校园里都必须穿校服。
结论1：因此，所有的中学生在校园里都允许穿校服。(规范)
命题：高中部的学生也都是中学生。
结论2：因此，高中部的学生在校园里也都允许穿校服。(规范)

总而言之，如果在一个推理的前提中，含有道义的词语。例如，“必须”“允许”“禁止”等，那么结论也必定含有此类词语；而且，这种形式的推理是三段论式的道义推理。换句话说，如果一个推理的前提中有规范，那么推理的结论也必定是一个规范，而不是命题。

（二）三段论不能应用的规范推理

然而，仅仅运用三段论并不能很好地解决群体规范的推理。请看下面这些例子。

(例9)
规范：至少要有一位论文作者注册会议。
命题：李梅是论文的其中一位作者。
结论：因此，李梅必须（还是可以不）注册会议？(规范)
(例10)
规范：这个救生艇最多只能同时容纳10个人。
第一种情况：船上人数小于等于10。
结论：船上所有人都可以登上救生艇。(规范)
第二种情况：船上的人数大于10。
结论：船上有些人不可以登上救生艇。(规范)

在例9中可以很清晰地看到“李梅必须注册会议”是一个错误的结论。在这两个例子中，有一个共同的问题，就是“群体中谁来确保规范得到遵守呢”？这也是研究多主体规范推理中的责任问题，相应领域主要就是来解决上述问题的。在此，我们未进行深入讨论，请读者参考相关文献。①②③

结　语

多主体的规范推理研究是不再局限于命题间的推理，也不仅仅只是关注规范的推理，而是关注结合了命题和规范的推理过程，更需要考虑不同主体规范的变化问题。因此，要比经典的模态逻辑复杂得多。本文只是初步分析多主体规范研究的基本问题，以及简单的推理过程。在此基础上，选择合适的逻辑语言，构建逻辑系统是下一步要解决的问题。

［基金项目：国家社会科学基金重大项目“大数据背景下人工智能及其逻辑的哲学反思”（编号：19ZDA401）。本文的后期修改工作在郭佳宏教授的指导下完成，特此致谢。］

（本文编辑：夏素敏）

A Preliminary Study on Multi-agent Normative Reasoning

CUI Na-na

Abstract: Normative reasoning of multi-agent is a popular cross study of multi-agent system and deontic logic in recent years. The research object of classical deontic logic is normative proposition, not norm in the usual sense. The main purpose of this paper is to clarify the connection and difference between the two concepts of norm and

① Davide Grossi and Paolo Turrini, “Dependence theory via game theory”, in *Proceedings of the 9th International Conference on Autonomous Agents and Multiagent Systems*, Volume 1, 2010, pp. 1147 – 1154.

② Davide Grossi and Paolo Turrini, “Dependence in games and dependence games”, *Autonomous Agents and Multi-Agent Systems*, 25, 2012.

③ Davide Grossi, et al., “Collective obligations and agents: Who gets the blame?”, in *International Workshop on Deontic Logic in Computer Science*, Springer, 2004, pp. 129 – 145.

proposition, and try to analyze the normative reasoning process in the multi-agent environment. It can be concluded that partial reasoning can be used in the traditional lexical logic syllogism.

Keywords: Proposition; Norm; Obligatory; Group Norm

逻辑教育动态

逻辑应用视角下的当代语文教育

——读《逻辑思维与语文教育》

刘叶涛

（南开大学哲学院）

最近，吴格明教授主编、南京师范大学出版的“当代逻辑教育丛书”入选江苏省“十四五”时期重点图书出版专项规划项目。吴格明教授本人的专著《逻辑思维与语文教育》是该丛书推出的第一部著作。全书十六万余字，言简意赅，引人入胜，我被其深深吸引而一口气读完。我认为本书基于作者长期从事逻辑学和语文课程与教学论的教学与研究之经验，全方位阐述了逻辑思维与语文教育的关系，具有多方面建设性意义与启迪价值。谨撰此读后感与读者分享，借以向大家推荐这部力作。

本书之于我有高度的吸引力，原因至少有三。第一，本书结构安排既有语文何以需要逻辑的哲学启示，又有语言如何应用逻辑的技术引导，呈现了一幅逻辑和语文相互为用的画面。本书最突出的贡献在于提供了一种“双向”指引：搞逻辑的人如何把逻辑搞得有的放矢，搞语文的人如何把语文搞得行之有效。所以，搞语文的人和搞逻辑的人，均适合成为本书的读者。作为逻辑和语文“双料”专家，吴格明教授的逻辑深刻入理，语言简洁，平实生动，非逻辑和非语文领域的读者阅读本书，亦可获得逻辑和语言上的进步。第二，本书以“如何搞好语文教育”为落脚点。叶圣陶先生说：口头为“语”，书面为“文”，“语文”就是语言。搞好语文教育就是搞好语言教育。分析哲学认为哲学的根本任务是对语言进行分析，海德格尔直言“语言是存在之家”，高水平的思维有赖高品质语言加以呈现。由此可断定本书所论具有可推广性，而非局限于语文教育和研究。第三，或许更为重要的是，本书站在逻辑立场上，以回答“逻辑如何应用”作为出发点，关联到作者的逻辑观。这也是我长期关注的问题，因为只有健全的逻辑观念才能保障逻辑实践行稳致远。从逻辑具体应用中可以把握作者对“逻辑”的理解，从而反映作者的逻辑观念。而本书体现的逻辑观于我“心有戚戚焉”。

通观整本书，一个鲜明的印象是，健全的逻辑观念比高超的逻辑技术更重要，没有恰当逻辑观念指引方向，再高超的逻辑技术也难以让人切实感受到逻辑的力量，相反会让人觉得逻辑远离了人们的生活，最终会对逻辑学本身的发展造成负面影响。我们认为，这样一种逻辑观念应该是一种“应用导向”的大逻辑观念。而本书就是一部展示逻辑应用价值的学术作品，它从逻辑的哲学和技术两个层面准确回答了如何在逻辑和语文的交互中实现双赢和共生。

综观逻辑学历史可以发现，逻辑学的发展从来都是因具体应用的需要而实现的。亚里士多德创立历史上第一个演绎逻辑系统，最初是因为想要在实际论辩中战胜对手，人们需要一种有用的论辩工具。亚里士多德的杰出之处在于，他不是像智者学派那样一味追求“争胜”，而是在后来转向探讨将逻辑学作为服务于一切科学研究的“求真”工具。爱因斯坦有一著名判断：“西方科学的发展是以两个伟大的成就为基础的：希腊哲学家发明了形式逻辑体系（在欧几里得几何学中），以及（在文艺复兴时期）发现通过系统的实验有可能找出因果关系。”① 其中欧氏几何就是亚氏创立并由其后继者所发展的演绎逻辑体系的系统应用的产物。现代数理逻辑的创生乃出于为数学奠基的需要，数理逻辑是逻辑应用在数学基础研究的产物，这也使得逻辑研究数学化，具有了高度的严格性和精确性。哲学逻辑学科群的产生则源自将经典逻辑应用于解决与各类传统哲学范畴相关的问题。陈波教授 20 年前准确预言：“计算机科学和人工智能将至少是 21 世纪早期逻辑学发展的主要动力源泉”②，正是因为发现计算机科学的发展向逻辑工具提出了新的要求。现代分析哲学中著名的摹状词理论、指称因果—历史论等，也是现代逻辑应用于哲学研究所取得的成果，如此等等。黑格尔说：“每一门科学都是应用逻辑。”③ 这里的“应用逻辑”实为“逻辑应用”，即“去应用逻辑”。就本书而论，就是要将作者理解的“逻辑”，应用到语文教育当中去。

围绕逻辑应用，本书主要回答了两个问题：一是要应用什么样的逻辑，二

① 《爱因斯坦文集》第 1 卷，商务印书馆 1976 年版，第 574 页。

② 陈波：《人工智能——当代逻辑发展的动力》，《光明日报》2000 年 5 月 9 日。

③ 黑格尔：《逻辑学》下卷，商务印书馆 2017 年版，第 455 页。

是怎样去应用这种逻辑。对第一个问题的回答始终围绕“逻辑理性”这一关键词进行，集中在前两章，讲的是逻辑的观念；对第二个问题的回答强调语言的逻辑分析，强调区分语言形式和思维形式并透过语言把握思维的重要价值，这是后面几章的内容，侧重讲逻辑的知识。逻辑知识的背后仍由逻辑理性牢牢牵引。

历史经验表明，越是基础概念，越难以清楚界定，“理性”就是这样一个概念。我们赞同这样的界定，即理性体现于“对既往得失的审慎反思，对当下抉择的利弊权衡，对未来变化后果合乎逻辑的推理，对社会规则的论证和遵守，对不同意见者有理有据的论证的尊重并经过认真审思后的包容”①。反思、权衡、推理、论证是理性的基本特征。本书使用“逻辑理性”概念，意在凸显逻辑学与理性的固有关联。逻辑理性区别于人们生而具有的本能的理性能力，因为它以人对推理的反思能力为本质要素，因而是一种可以通过后天的逻辑学习加以提升的理性能力。正如作者针对某些有意无意淡化逻辑理性的糊涂观念所诘问：“不老老实实地学推理，我们凭什么得出结论？只可意会不可言传？只需意会，不需言传？——那不是教育。教育就是要用可操作的方法，让更多的智商高的或者不高的人学会解决问题，获得能力。……况且我们可以由简到繁，由易到难，逐步培养出这种重要的能力。”②

张建军教授20年前就曾在《人民日报》发文，呼吁我国社会各界“真正重视‘逻先生’”，他基于逻辑学具备基础性、工具性和人文性三重学科性质的判断，论证了“逻辑学是社会理性化的支柱学科”。③ 一种健全的逻辑观念不能是狭隘的，更不能自我设限。我们所理解的“大逻辑观念”与本书所论相契合，一方面承认，但凡与人的思维程序有关的东西均应纳入逻辑研究和教学的范畴，应予归纳逻辑、辩证逻辑等明确的逻辑身份；如果逻辑理性是通过逻辑学习锤炼而来的理性能力，那么所要学习的就应该是多种类型的逻辑。另一方面，诸多类型的逻辑当中人们可以因地因时制宜，择需学习，但这绝不意味着这些逻辑类型中没有主次之分，大逻辑观应当是一种秩序井然、层级分明的逻辑观。张建军教授描绘的“逻辑地图”，对于我们把握逻辑应用具有独特启发，那就是从内向外逐次涵盖：基础逻辑（三大基础理论：演绎逻辑、归纳逻辑、辩证逻

---

① 王习胜、张建军：《走近“逻先生”：逻辑、社会与人生》，北京大学出版社2020年版，第6页。

② 吴格明：《逻辑思维与语文教育》，南京师范大学出版社2022年版，第25页。

③ 张建军：《真正重视“逻先生”——简论逻辑学的三重学科性质》，《人民日报》2002年1月12日。

辑）、应用逻辑（如科学逻辑、非形式逻辑、心智—认知逻辑）和广泛存在的逻辑应用。[①] 严格使用“逻辑”概念的话，本书属于典型的基础逻辑应用。

本书以逻辑理性与素质教育的关联立意，提供了把握逻辑教育和语文教育关系的开阔视角。素质教育的概念20世纪80年代在我国就已明确提出，今天仍备受推崇，2015年高等教育出版社还曾以“素质教育”为关键词出版“大学素质教育高层论坛”文集——《素质教育与大学教育改革》。问题是：搞了这么多年素质教育，何以普遍认为成效远不及预期？根源之一在于没有明确“素质”的内涵与外延，特别是没有明确思维素质与其他素质并不属同一层面，思维素质是其他素质的基础，素质教育当以思维素质的培育作为首要环节，否则无异于舍本逐末。本书对于思维素质在整个素质教育中的地位予以特别强调，并着力论证了逻辑学习对于思维素养培养的独特价值。

如果语文就是语言，那么语文素养就是语言素养。而语言素养显然是素质教育的基本目标。吴格明教授在本书中阐明，语言与思维存在密切关系，任何语言活动在本质上都是思维活动；语文的基本能力是听说读写，而高品质思维是高品质听说读写的前提，只有“想”好了，才能良好地获取别人之所想，也才能良好地表达自己之所想。没有良好的思维素养，也就不可能有良好的语言素养。逻辑思维应当是语言素养的核心。这是逻辑教育与语文教育的一种深层次关联。因此，语文课程改革应当“理直气壮地、旗帜鲜明地高扬理性精神。课堂教学应当引导学生仔细阅读文本，认真解读文本。讨论应倡导言之成理，持之有故。应当积极地倡导质疑和反思，从而使学生的语文素养更加全面，更有生命力，使我们的语文教育由肤浅走向深刻，由浮躁走向从容”[②]，而“离开了理性思维特别是逻辑思维，语文就是一堆僵死的词句和文化碎片”[③]。

本书对语文教育中存在的诸多问题进行了提醒或匡正。例如，对于“人文精神”的理解和把握。印象深刻的一段话是：“有人认为，文学是人文，语言不是人文。于是我们的语文教育就出现了重文学轻语言的倾向。这是小人文。有人认为，情感、态度、价值观是人文，语文知识和能力不是人文，于是就出现了重文本文化内涵轻语言形式的倾向。这是小人文。有人把人文局限在情感甚

---

① 张建军：《走向一种层级分明的“大逻辑观”——逻辑观两大论争的回顾与反思》，《学术月刊》2011年第11期。

② 吴格明：《逻辑思维与语文教育》，南京师范大学出版社2022年版，第16页。

③ 吴格明：《逻辑思维与语文教育》，第18页。

至情绪上，连价值观都不是人文。这更是小人文。有人甚至把人文局限在学生以自我为中心的某些情绪上，比如有的教材连朱自清的《背影》都不选，理由是学生不喜欢。这也是小人文。”作者提醒道：“如果我们语文课程所倡导的人文精神缺失了人类理性这个内核，是要付出惨重代价的。”[①] 本书引用钱钟书的话：“理之在诗，如水中盐，蜜中花，体匿性存，无痕有味”[②]，生动说明了理性与文学艺术的内在关联。循此思路，作者在“议论文写作的逻辑指导”部分提出了深刻的见解：议论能力的提升可以深层次地促进叙事能力的提升；议论是记叙文的点睛之笔。议论就是去做论证，做论证就要按照逻辑原理进行，论证能力不过关，不可能成为真正深刻的作家。事实上，面对社会上大量存在且不断涌现的流于浅表和浮夸，甚至以臆造为创造的所谓文学作品，亟须在各学段写作教育中注入说理的成分。逻辑教育应该从娃娃抓起。而越是接近成年，越是应该注重议论文写作能力的培育和考察，也就越是需要进行系统的逻辑学习。

关于如何在语文中应用逻辑，主要体现在逻辑知识的应用。语文教育中需要何种程度的逻辑知识？本书既讨论了一般性原则，也广泛涉及了具体逻辑词项的用法。前者包括言之成理、持之有故、质疑和开动批判性思维，后者包括日常联结词的逻辑刻画等。这促使我们想到这样一个问题：如果说逻辑学是一种普遍适用的分析工具，究竟该如何体现这种普遍适用性呢？这不仅是一个技术问题，更是一个观念问题。首先就是具体问题具体分析的辩证法则。这要求我们掌握多种逻辑手段，一旦需要，就能拿来使用。其次仍然是逻辑观问题，不能狭隘地认为，非演绎逻辑就不是真正的逻辑，不使用人工语言的应用就不是高端的逻辑应用。“逻辑”这个词作为学科术语，并不是亚里士多德本人使用的，他把那些从论辩术中抽取出来的推理理论称为“分析学”。逻辑分析要求我们区分语言和思维，透过语言形式把握语言所表达的思维形式，因而不能停留在自然语言层面的分析，人工语言就是用来帮助进行逻辑分析的。但是绝不能因此而走向另一个极端，以至于混淆手段和目标，因为任何分析的终极目标在于把事情说清楚，而不在于使用哪一种语言。关于讲理如何才能合乎逻辑，张建军教授32字“分析风格”可为指针：“澄清概念、分辨层面；清理矛盾、追问可能；揭示预设、辨析共识；合理推导、严格求证。”[③] 本书虽没有用到多少

① 吴格明：《逻辑思维与语文教育》，南京师范大学出版社2022年版，第22页。

② 钱钟书：《谈艺录》，中华书局1984年版，第231页。

③ 张建军：《在逻辑与哲学之间》，中国社会科学出版社2014年版，第378页。

人工语言，但同样可以把事情讲清楚，再次说明逻辑应用就在我们身边。

现代逻辑的日常应用或许是未来需要特别关注的方向。现代逻辑在当代学科体系中的广泛应用及其成效只是“内行人”有目共睹的事实，这需要经过系统学习。如果我们因为数学定理证明普遍使用反证法就以为这只是一种数学方法，那就说明逻辑普遍适用性仍然需要多多去讲，要对“外行人”去讲，这是逻辑教育的组成部分。现代逻辑的“数学化”外貌的确让普通人望而却步，但准确应用就会发现，较之传统逻辑，现代逻辑更贴近我们的生活实际。例如，随着高考改革，语文的地位提高，就考试得分的实际功用来说，语文成绩在高考总成绩中的区分度变得最大，最容易拉开档次，于是有所谓“得语文者得天下”。通常会笼统地把这句话径直理解成一个充分条件假言命题：只要一个人“得语文”，他就会“得天下”。但这样显然无法应对“有的得语文者未得天下”的反例。遵循语言和语言表达的思想的区分，透过语句把握命题，现代逻辑会把它处理成以具体情境为量化域的一阶表达式，释义为：对一特定考生来说，在其已“得其他”的所有情境中，“得语文”是“得天下”的充分条件。这样才可算是“具体情境具体分析”。逻辑，尤其是演绎逻辑至今仍被有的人看成思维创新的某种障碍，因为演绎逻辑的原理是不变的、片面的和“僵死的”。这是混淆了学逻辑和用逻辑。客观地说，学逻辑简单用逻辑难。我们可以一起学会逻辑原理，但逻辑应用于具体实践的成效往往千差万别，那不是原理本身的问题，而是应用者的问题。对逻辑原理的误解，往往源自对逻辑原理之应用机制的不解。我们期待未来见到更多现代逻辑工具在语文教学中的应用。

如果说数理逻辑被敬而远之是因为它的数学化外观，当前时髦的“批判性思维”之所以大受青睐，其原因之一大概在于其日常化外观。在我国，“批判性思维”并非新词，几十年前它就已经作为教育学、心理学概念出现了。但作为一个学科概念，它是逻辑学现代发展的产物。20 世纪六七十年代，美国的大学生们发现数理逻辑课无法帮助他们分析当时的越南战争、种族冲突、性解放等社会热门话题，于是学生们要求有一门课告诉他们如何去分辨关于这些话题的观点或论战的合理性。近年学术界、教育界、文化界关于批判性思维有很多关注和讨论，这是一个好的现象。但是，脱离与逻辑的关联的谈论是值得警惕的。批判性思维的学理基础是非形式逻辑，研究如何下定义、如何做论证及如何清理思维谬误，非形式逻辑是形式逻辑在日常生活、科学研究、文艺创作等非形式论证中的应用，它不能违反形式逻辑原理。人们天赋的批判性思维能力或许存在差别，但系统的逻辑学习可以为批判性思维的训练提供“抓手”。既然语文教育中的逻辑理性是须经逻辑学习而获得的理性，在语文教育中注入批判性思维就同样需要经过系统的逻辑学习。“批判性思维的灵魂是人类理性。只有人类才能反思，才能将思想作为思想的对象。合理怀疑，合理置信，归根到底是人类理性。批判性思维的要义在于：任何思想都没有受到质疑的豁免权。同时，任何思想都有为自己辩护的权利。批判性思维的主要内容是论证的评估和重构。因此，以研究推理为主要内容的逻辑就成了批判性思维的核心。”[①] 这一点也是本书提供的重要启发。

为了推动国内各阶段逻辑学的教育教学，中国逻辑学会于 2017 年组建了逻辑教育专业委员会，本书作者吴格明教授任专业委员会主任。参与该专委会的工作使我有更多机会切身感受到全社会对于逻辑的热切企盼，同时也见到了很多“有理有据”的逻辑误解和错解。这让我越发强烈地感觉到健全的逻辑观念、逻辑应用意识以及系统的逻辑学习的重要性和必要性。而《逻辑思维与语文教育》就让我深深体会到了这种作用。有关于此，现代中国首倡逻辑的社会文化功能研究的殷海光先生的如下“假言连锁”推理仍振聋发聩：“中国要‘富国强兵’必须发展工业；中国要发展工业必须研究科学；中国要研究科学，必须在文化价值上注重认知特征；中国要在文化价值上注重认知特征，最必须而又直截的途径之一就是规规矩矩地学习逻辑。”[②] 同样显然的是，《逻辑思维与语文教育》的出版，对于逻辑思维与其他具体学科的融合，也具有重要的启迪作用，值得积极关注和深入研讨。

（本文编辑：顿新国）

① 吴格明：《逻辑思维与语文教育》，南京师范大学出版社 2022 年版，第 13 页。

② 殷海光：《从一本逻辑新著说起》，《殷海光哲学与文化思想论集》，南京大学出版社 2008 年版，第 118 页。

清华大学逻辑暑期学校述介

谢凯博　石辰威

（清华大学人文学院哲学系）

清华大学—阿姆斯特丹大学逻辑学联合研究中心已连续两届在清华大学成功举办了逻辑暑期学校。由于新冠肺炎疫情影响，两届暑期学校采取线上线下混合的模式，向国内外大学本科生和研究生开放，旨在推进逻辑学高等教育事业，通过逻辑学专题课程进行系统教学、补充课内教学内容，活跃学术交流。课程实行全英文授课，每年均有百余名学生参与课程的学习。

第一届清华大学逻辑暑期学校举办于2021年6月28日至7月4日，共开设“模态逻辑的拓扑语义”和“条件句与因果关系”两门课程。

“模态逻辑的拓扑语义”课程由阿姆斯特丹大学的别扎尼什维利（Nick Bezhanishvili）讲授，他在代数逻辑和拓扑语义领域深耕多年，成果颇丰。课程共分为五个部分：一是模态逻辑的关系语义的基本概念；二是拓扑空间相关的基本知识，介绍模态逻辑拓扑语义的定义；三是特定模态逻辑系统的拓扑完备性；四是模态语言关于特定拓扑性质的可定义性问题；五是直觉主义逻辑的拓扑语义。

“条件句与因果关系”课程由阿姆斯特丹大学的舒尔茨（Katrin Schulz）和范罗伊（Robert van Rooij）共同讲授。他们在因果性与条件句语义的研究领域做出了许多具有影响力的学术贡献。课程共分为五个部分：一是如何从反事实条件句的角度理解因果关系；二是一般条件句意义的概率解读；三是一般条件句的推理模式；四是因果贝叶斯网与结构方程模型；五是一般条件句意义的因果解读。

第二届清华大学逻辑暑期学校举办于2022年6月27日至7月3日，共开设“逻辑、数据与不完全信息”和“混合逻辑的表达力与推理”两门课程。

“逻辑、数据与不完全信息”课程由加利福尼亚大学圣克鲁兹分校和IBM研究实验室的克拉提斯（Phokion G. Kolaitis）讲授，他在数据库系统、计算机科学中的逻辑和计算复杂性理论等领域建树颇丰，是2020年丘奇奖的获得者之一。课程共分为五个部分：一是计算复杂性理论的基本内容；二是数据库查询的复杂性问题；三是回答一致性的复杂性问题；四是映射模式、数据交换以及概率数据库；五是社会选择问题的形式模型及社会选择的计算复杂性问题。

"混合逻辑的表达力与推理"课程由罗斯柴尔德大学的白磊本（Patrick Blackburn）讲授，他的工作主要集中于逻辑及其在语言学、认知科学和哲学中的应用，是剑桥大学出版社出版的模态逻辑经典教材 *Modal Logic* 的合著者之一。课程共分为五个部分：一是模态逻辑以及混合逻辑的基本概念；二是混合逻辑的形式推演系统；三是混合逻辑的完全性证明思路；四是增加下箭头算子的混合逻辑的语形和语义；五是普莱尔（Prior）在混合逻辑方面的思想和贡献。

在两届暑期学校的各门课程中，主讲教师都预留了大量时间与听众进行互动，回答听众的问题，对课程中的疑难部分进行重点阐述。各门课程都设置了课程作业和期末考试，并从作业成绩和考试成绩两方面对学生进行考核。参加课程且通过考核的学员获得了由逻辑学研究中心颁发的结业证书。在课程结束后，参加课程的同学纷纷表示主讲者深入浅出的教学加深了他们对课程内容的理解，并且拓宽了他们关于逻辑学与计算机科学、哲学和语言学交叉领域的研究视野。

清华大学—阿姆斯特丹大学逻辑学联合研究中心将继续举办逻辑学暑期学校。往期课程介绍及课件详见中心网页：http：//tsinghualogic. net/JRC/？page_id＝1847。

（本文编辑：张　顺）

学术活动信息

第十七次中国逻辑史全国学术研讨会综述

乔凯丽
（南京大学哲学系）

2022年5月28—29日，第十七次中国逻辑史全国学术研讨会采用线上线下相结合的方式隆重召开。本次研讨会由中国逻辑学会中国逻辑史专业委员会和江苏省逻辑学会共同主办、南京大学哲学系和逻辑所承办，亦列入江苏省哲学社会科学界联合会年度重点学术活动。来自北京大学、清华大学、中国人民大学、北京师范大学、中国社会科学院、南开大学、浙江大学、中山大学、兰州大学、华东师范大学以及南京大学、东南大学等全国三十余所高校、科研院所和其他机构的老中青专家学者共150余人出席了会议。会议开幕式由中国逻辑学会中国逻辑史专业委员会副主任王克喜主持，中国逻辑史专业委员会副主任兼秘书长晋荣东，南京大学哲学系张建军和江苏省社科联夏东荣先后致辞。晋荣东代表专业委员会和专委会主任张学立，介绍了本届专委会的工作和本次大会筹备情况。张建军回顾了南京大学中国逻辑史教学与研究的发展历程，代表承办单位对与会专家学者在南大120周年校庆之际共襄盛举表示感谢。夏东荣对大会的召开表示热烈祝贺，对于逻辑学会将学科建设与学会建设有机结合给予高度肯定。本次会议共安排三场大会主题报告和七场分会场学术报告，有四十余位老中青专家学者在会上作了大会报告和分会场报告，内容涵盖中国逻辑史研究的多个领域，充分展现了当下中国逻辑史研究的最新成果。

一　在中国逻辑史研究的方法论方面

正如张建军在本次研讨会上所说："中国逻辑史的研究越来越需要多维互

动。”这种趋势从此次大会报告中已可窥见端倪。中国人民大学哲学院孙中原介绍了今年4月份的国家社科基金的结项成果——《墨经绝学的E考据和元研究》（以《墨经和中国科学》为名出版），特别强调了方法的重要性，认为中国逻辑史研究应该借鉴库恩科学发展模式论、希尔伯特－塔尔斯基元理论和傅伟勋创造性诠释学（实谓、意谓、蕴谓、当谓、创谓）理论。张建军讨论了莫绍揆的《墨经》研究及其方法论启示，尤其是用现代逻辑与科学方法论的视角阐释《墨经·小取》篇，认为《小取》篇是假说—演绎加上典型实验分析的现代科学方法论的古典雏形。用这一方法莫先生给出了异于《小取》主流阐释的不同说法，具有极大的启发意义。北京大学哲学系周北海则认为《小取》逻辑是关于抽象行为概念的逻辑，因为对象不同，形成了中国传统逻辑学与西方逻辑学的分野。行为概念逻辑学是当代逻辑学的一个分支，而《小取》逻辑是这个分支萌芽的集中代表，因此，有关研究不仅具有史学意义，还有重要的现实意义。华东师范大学哲学系晋荣东针对学界对“推类”一词的不同理解，认为类同原则是推类必须遵循的基本原则，援理（演绎）、贯通（归纳）和引例（类比）是推类的三种基本形式，进而可证成推类并不等于任何一种特定推理类型、“推类即推理”的主张。

总体上讲，“以西释中”“以中释中”“以中释西”等仍是讨论的主题，这从近代以来经历了漫长的历史发展过程。此次大会中，南开大学哲学院翟锦程给出了关于中国古代逻辑“以中释中”的生动解读，吴克峰和郎需瑞也主张中国古代逻辑应该对着中国传统文化讲，如“论式”和“法式”等名称可能比“逻辑”更恰当。天津商业大学关兴丽则分阶段系统梳理了墨家逻辑研究自19世纪末发展至今研究方法的演进过程，即19世纪末至20世纪30年代是“据西释中”方法、20世纪40—80年代末是“据西释中”和“历史分析”方法、20世纪90年代至今是“历史分析”方法（以崔清田为代表）与“文化诠释”方法（以鞠实儿为代表）。同时关兴丽认为，从传统逻辑、形式逻辑、批判性思维、非形式逻辑、论辩逻辑、论证逻辑、符号学、语义学、语用学、语言逻辑、认知逻辑、辩证逻辑等角度研究中国古代逻辑的方法实质上仍属“据西释中”。此外，从形式上，中山大学哲学系何杨提出了先秦逻辑史的书写体例问题，他认为，以往共有三种书写体例：以人物、学派为纲要；以西方传统逻辑理论体系或名、辞、说、辩理论体系为框架；以固有问题或范畴为纲要。他主张采用以先秦时期固有的名辩问题为纲要的新书写体例。

二 在中国逻辑的整体性研究方面

“中国古代有无逻辑（合法性问题）？我们研究的是中国的逻辑还是在中国的逻辑？”如有，那么“中国逻辑是一还是多（共同性与特殊性）？”“求同还是求异？”“中国逻辑的知识体系和理论属性是什么？”“如何建构中国自主的逻辑知识体系？”这些问题一直萦绕在中国逻辑学者心头。在此次大会中，中国社会科学院哲学研究所刘新文围绕“金岳霖问题”重新论述了金先生的“逻辑一元论”观点，金先生援引皮尔士的“样型—凭借区分”学说来说明逻辑与逻辑系统、实质与形式之间的区别，从而辩护了“逻辑一元论”。翟锦程认为逻辑是具有工具性的论证科学，应参照逻辑在西方哲学（传统逻辑与现代逻辑）、印度“五明”知识体系（因明）中的根基作用来思考中国逻辑对中国哲学的论证与支撑作用。进而认为本来意义上的中国逻辑是基于中国传统学术与文化这一特定的思想生态，在名实关系、物类关系、象物关系的基础上，以正名为目的、以类为基础、以推类为方法，对名及其相关问题进行的考察与研究。中国逻辑通过察实、分物、归类进而正名，归类的依据是类的同异，基本方法是从名到类、从类到名的推类，与中国传统哲学的发展、演变紧密结合。以“以中释中”的方法构建了新的中国逻辑知识体系。中山大学哲学系曾昭式也认为中国古代逻辑是一种“正名—用名”论证类型。南开大学哲学院张晓芒认为源自“过犹不及”（《论语·先进》），后又广泛被人们使用的反经行权、反经合义等成语而逐渐形成的传统辩证思维在当下仍有重要的意义与价值。例如，“权”“正”“中”及其相互之间的逻辑条件关系。重新挖掘和研究其工作机理，展现中国古代“中和”文化的辩证魅力。河北大学哲学与社会学学院程橙则探讨了中国形象推理的起源、成果、困境与对策。

三 在文本原典与中国逻辑史研究某个领域方面

在文本原典的研究方面，中国人民大学哲学院杨武金讨论了《墨经》中“言尽悖、非诽、学无益、知知之否之足用、仁义之为内外”五个悖论的含义和基本来源，并对其作了消解，进而认为这一案例或可证明中国古代典籍中确实有某种严格意义上的广义悖论。何新宇结合海外汉学家的相关研究成果，围绕墨家逻辑中是否具有“真”、墨家逻辑中有什么“真”、墨家逻辑中的“真”与规范三个问题，论述了墨家逻辑中的“真”思想。上海古籍出版社韩国建论述了《墨经》中的“名”“实”及其关系，认为文本中“名”对于“实”的称谓关系是“命”和“谓”，关于“名”的论述就是《墨经》的词项学说。上海科技大学王强从《墨经·小取》文本中的推理是以行为动词为核心的推理行为这一新视角出发，给出了刻画《小取》逻辑的行为概念语义学。清华大学孙志强以量词为线索，论述了自然逻辑视域下的侔式推理，特别是从谓词代换（predicate replacement）和单调推理角度出发阐明“是而然”与“是而不然”的推理规则。这些新视角对今后的《墨经》研究无疑具有重要的启发意义。

关于《公孙龙子》的研究，河南大学哲学与公共管理学院郭桥重点考察了《公孙龙子·坚白论》中的“离坚白”之辩，认为公孙龙对“离坚白”论辩过程的构建和分析仅局限于语言、语词层面的论辩，而语言层面的争锋不等于思维领域的辩驳。兰州大学哲学社会学院陈声柏以《坚白论》为中心论述了公孙龙的“性质”三义，即通过分析坚、白两种性质在“定”“兼”“藏”三种样态中的“位”，揭示事物“性质（实）”的三种不同含义，即石之坚、白特性；物之坚、白共性；离之坚、白自性。发掘出性质“独立自在”的事实，赋予《坚白论》更深层次的哲学意涵。中国社会科学院哲学研究所崔文芊主要针对《公孙龙子》文本在西方学界的译介问题，尤其是陈汉生（Chad Hansen）、葛瑞汉（Angus Charles Graham）、何莫邪（Christoph Harbsmeier）等海外汉学家关于“Mass Nouns”的解释，提出了一些自己的看法。

除了聚焦《墨经》与《公孙龙子》两部经典典籍之外，浙江大学哲学学院金立、于翔从功能性、认知机制和认知过程三个维度对王充《论衡》所用的推类论证展开了深入分析。东南大学哲学与科学系陈爱华比较了魏晋时期的“清谈”与现代论辩逻辑之间的异同。郎需瑞论述了朱熹建构的以“辞”为核心的易学逻辑体系。江苏大学闫林琼以《孟子》中有关人性善的论辩性话语为例，尝试运用语用论辩的研究视角进行分析。皖西学院石运宝对《庄子·外物》中的现代语义学思想进行了论述。深圳大学廖晨对战国时期纵横家运用的“飞箝”论式进行了详细阐述。

在中国逻辑史研究某个领域方面，南京大学哲学系王克喜主要对传统训诂学方法进行逻辑分析，认为其原则和规律实际上是归纳和演绎的综合，诸如“例不十，法不立”“古无轻唇音”“古无舌上音”“娘日归泥”“入派三声”等都是通过归纳得来而后又付诸训诂实践，本身不具有必然性。当然，如果穷尽所有研究对象的归纳就具有了演绎的性质。二者的目的都是为合理训诂、回归本义服务。吴克峰则分享了《周易古筮考》对易学逻辑研究的贡献。扬州大学郑天祥认为“礼”是中国走出神判的关键，分析了礼治在走出神判中的逻辑机理，进而探讨了作为中国传统法的“礼”“法”与逻辑之间的关系。山西大学谷成城论述了汉语论证的特征及评价标准。

四 在中国近现代逻辑思想的形成与发展方面

此次大会专设“西学东渐与中国逻辑研究”专题。其中，中山大学江璐介绍了李之藻翻译《名理探》的更多细节以及创新工作，特别谈到新儒学思想对李之藻哲学观的影响。南开大学李佳星以近代《辨学启蒙》和《名学浅说》两部译作为切入点讨论了西方逻辑传入的两种形式，即来华传教士传播和国人译介，以及这两本书各自的翻译特点与影响。国防科技大学刘永强通过梳理严复、刘师培、陈启天的逻辑思想研究，论述了近代逻辑研究的政治与学术二重目的，即既希望学术救国又试图揭示湮没于历史长河中的中国古代逻辑。通过这些近代学者的努力，最终确认中国有逻辑且是世界三大逻辑源流之一。贵州大学甘进讨论了严复对“logic”一词的翻译，综合考虑音韵、义理和功能，使得“逻辑”同时成为logic和science两个概念的容受器，最终说明“逻辑”这一概念在近代身份的二重性。龚毅也就“logic”一词的意译和音译问题进行了讨论。华北水利水电大学张胜前讨论了19—20世纪初西方学者通过在华发行报纸杂志、创办出版机构译介西学、兴办学校等方式对逻辑学在中国传播所做的贡献，这为逻辑学在中国的发展做了铺垫，促使国人自觉主动地对中国逻辑思想进行挖掘、整理和研究。西安电子科技大学张万强通过海外汉学家顾有信（Joachaim Kurtz）《中国逻辑的发现》一书的视角，即系统总结明末清初以来“逻辑学在中国”的传播与发展进程，试图以此指证“中国逻辑史”研究的现代性实质，并最终展望某种可能名实相符的、祛现代性的新的“中国古代逻辑思想”的认识范式与结论。根特大学钱爽则通过分析顾有信《中国逻辑的发现》一书中记载的杨荫杭对西方形式逻辑四类直言命题之翻译，即“太阳”“太阴”“少阳”“少阴”，认为这种译法缘起于日本学者。何杨也认为近现代逻辑东渐的研究要特别注意日本学界的影响。

五 在因明研究方面

除了围绕上述几个领域进行学术交流外，此次大会也专设聚焦“因明研究”的专题。其中，河北工程大学淮芳系统梳理了“汉传因明与名辩比较研究”百年来从兴起、复兴到进一步发展的过程；吉林师范大学彭杉杉比较了墨家与萨迦班智达的“名实”理论；盐城师范学院汪楠分析了因明唐疏三支论式的独特性；来自贵州大学的汤伟、吴易恒、谢敏分别讨论了印度学者罗睺罗对量论因明文献的收集与贡献、《〈正理滴论法上注〉明灯》的相关文本和义理研究以及日本学界对《释量论》的研究。北京师范大学董志铁对越来越多的青年中坚力量投入到因明研究中给予了肯定与好评。

六 在中国逻辑史未来的发展趋势方面

在2013年中国逻辑史第十五次全国学术研讨会上，刘培育、翟锦程和张学立等就提出应重视中国逻辑史研究的国际化问题。2015年第十六次中国逻辑史全国学术研讨会中刘培育再次强调中外学术交流问题以及张学立主张的交叉融合探索。在本次研讨会上，这些问题依旧是讨论的重要话题。天津财经大学刘明明分析了习近平经济思想中运用的中国逻辑方法，不仅说明习近平经济思想中科学思维方法的中国渊源和中国特色，而且也彰显了中国逻辑的科学方法论价值在今天仍有重要意义。清华大学刘奋荣针对中国逻辑思想在海外的推广以及中外逻辑学的交流互鉴工作，分享了关于《中国逻辑思想史手册》的一些编辑经验和以团队的具体实践为中国逻辑史研究国际化做出的贡献。贵州省社会科学院张学立进一步提出了跨文化逻辑比较研究的“三层级理论”，以此构建新的逻辑分类，即描述的、评价的、会通的逻辑学，这是一种不同逻辑平等对话、融合会通的新进路，并且已经做出了关于逻辑学与认知科学交叉融合的实际探索。张建军也认为未来中国逻辑史的研究越来越需要中西之间、不同视角之间、不同学科之间的多维互动，强调互通、互释、互鉴。

综上所述，本次研讨会呈现出以下特点：一是中国逻辑史研究视角继续多元化，从内容上看，易学、汉语和训诂、传统辩证思维、形象推理等相关主题继续被关注；从方法和工具上看，涌现出语用论辩、自然逻辑、行为概念语义学、不同的书写体例等多种角度，扩展了中国逻辑史研究的内容和类型。二是专家学者在用传统中国术语来阐发中国古代逻辑方面做出了努力。如翟锦程致力于用“以中释中”的方法构建新的中国逻辑知识体系，曾昭式提出了“正名—用名”论证类型等。三是继续强调中国逻辑史研究的国际化，并且已经初现成效。例如《中国逻辑思想史手册》的编撰、与会学者对海外英美汉学家和日本学界有关研究的深入持续关注等。

除学术研讨之外，本次大会还依据中国逻辑学会审定的换届程序，选举产生了第十届中国逻辑史专业委员会负责人。选举结果如下：王克喜为专委会主任，杨武金、吴克峰、黄朝阳、陈声柏为副主任，张胜前为秘书长，何杨、崔文芊为副秘书长。最后，王克喜代表新一届专业委员会致辞，对大家的信任与厚望表示感谢，号召广大学界同人一起努力，共同推动中国逻辑史研究工作迈上新台阶，并宣布会议圆满闭幕。

（本文编辑：张　顺）

在中外比较中推进论证理论研究
——“文明交流互鉴：中外论证理论与实践的比较研究”研讨会述要

王广禄
（南京大学哲学系/中国社会科学杂志社江苏记者站）

“说理”，是人类社会中普遍存在的社会交往活动，在理论研究的视角下，“说理”就是一个通过逻辑推理得出结论的论证过程。作为逻辑学这一古老而现代的学科的重点研究内容，当下的论证理论研究呈现出显著的多学科、跨学科趋势。2022 年 7 月 2 日，“文明交流互鉴——中外论证理论与实践的比较研究”研讨会线上线下同步举行。会议由浙江大学语言与认知研究中心、浙江大学亚洲文明研究院、浙江省逻辑学会主办，邀请浙江大学、中山大学、南京大学、南开大学、华东师范大学、江苏大学、山西大学等高校的十三位专家学者做报告，就中外论证理论研究与实践的新成果展开了深入研讨交流。浙江大学语言与认知研究中心主任黄华新在会议开幕式上致辞，浙江大学哲学学院金立和光华法学院熊明辉先后主持两阶段会议。

一　逻辑论证与文化和知识紧密相关

中外交流互鉴是一种跨文化活动，跨文化交流的进行必然涉及不同文明和文化的“异”和“同”，涉及跨文化论证。跨文化交流和论证之可能，要以对不同文化之差异和共同之处的辩证把握为前提。

文化差异甚至冲突的普遍存在是导致跨文化交流存在困难的主要原因，互适文化及跨文化论证是消解冲突的重要路径。中山大学逻辑与认知研究所鞠实儿从广义论证视角提出，跨文化论证是隶属于不同社会文化群体的成员即论证参与者，在一定社会文化背景下参照所属社会文化群体的规范生成的一个基于语篇的社会互动（话语）序列，其目的是劝使论证参与者对某事或某观点采取某种态度。由于文化是一个多元素多功能的复杂系统，不同文化群体或群体成员间存在文化差别，因此跨文化活动中的文化冲突是普遍存在的。同时，不同文化的论证者在交流过程中会形成不同程度上的互适文化——不同程度上可共享的语言、信念和价值，这是多重文化互适论，为跨文化论证的开展提供了必要条件。不同程度互适文化在跨文化交流中动态形成：交流双方在差异中互动，寻求双方满意的交流结果。作为广义论证不可缺少的组成部分，互适文化在论证中的形成是合乎规范的论证活动的结果，同时也促成新的规范的产生。跨文化论证是跨文化冲突消解的途径之一，如何在互适文化与论证的双重生成过程中刻画论证规则，这是跨文化论证的关键问题。

在跨文化交流和互鉴中，“异”无疑是普遍存在的，但交流能够进行，“同”可能是最重要的基础，即存异而求同。南京大学哲学系张建军结合“马工程”教材《逻辑学》中“逻辑思维基本规律”的写作过程表明，要克服在以往教材中关于矛盾律、排中律与矛盾关系定义中的恶性循环，需要诉诸于原子化的矛盾律、排中律及同一律，而原子化“三律”正是中外古典论证理论的共同基石。在不同的逻辑学传统中，最大的“同”或许就是原子化“三律”，这也是人们在日常交流中普遍遵循的逻辑原则。从逻辑规律到实际论证，存在一个与论证主体关联的转换过程：从逻辑规律转换成论证规范，将论证规范运用到实际论证中，是判定论证是否“好”的基本途径。从实然的角度看，论证是一个自然过程；从应然的角度看，逻辑规律决定论证规范，在人们判断什么样的论证是“好”论证时，原子化“三律”作为各种论证理论的共同基础，是理性思维和人作为理性人的基本起点。其中矛盾律和排中律都是关于原子矛盾关系的规律，而不是关于一般意义的矛盾关系的规律，二者共同决定原子矛盾关系，以此为基础可以递归地得到各种分子矛盾关系。亚里士多德和《墨经》对矛盾律和排中律的阐释之所以是完全一致的，正是因为二者均是基于原子矛盾关系而建立论证理论。在报告中，张建军还引介了维克多·罗迪奇在欧文·柯匹等著的著名教科书《逻辑学导论》第 15 版中提出的笃证性论证（demonstrative argument）这一新概念，指出就一个具有演绎可靠性的论证而言，只有其结论不是永真的狭义逻辑真陈述而是偶真陈述时，才是现实中人们所追求的论证。因为只有结论为偶真陈述的可靠论证，才关乎现实中的真相——通过建立偶真陈述的真，说服人们相信那些基于以往直接或间接经验尚不知晓的陈述为真。把具有永真结论的可靠论证和具有偶真结论的可靠论证即笃证性论证区别开来，在论证研究中是极其重要的。

古希腊逻辑、印度逻辑（因明）和中国逻辑是世界古代逻辑的三大源流。不同文化和知识体系背后具有不同的逻辑支撑，不同逻辑具有不同的文化属性。中国的逻辑论证在中国哲学与文化发展中具有根基作用。南开大学哲学院翟锦程表示，逻辑三大源流这一提法，说的是逻辑的思想形态或者理论形态。从逻辑的一般属性来看，它是具有工具性的论证科学，也是哲学的基础与根基，是哲学的基础语言。中国传统哲学从先秦一直持续发展到清末，在不同的历史阶段呈现出不同的思想形态，与此相关，其背后一定有从根基上支撑其发展的逻辑或逻辑论证。同时，中国逻辑是在中国传统学术文化这一特定的思想生态中成长和发展起来的，是中国传统知识体系的重要组成部分。脱离中国传统学术文化这一思想生态，就无从讨论中国逻辑，就如同理解亚里士多德逻辑无法脱离古代希腊思想生态的发生和成长过程一样。西方逻辑在西方知识体系中居于基础地位，中国逻辑研究应当从逻辑与知识体系关系的角度挖掘支撑中国传统知识体系的中国逻辑，系统阐明中国的逻辑论证在中国哲学与文化发展中的根基作用。

二　推动国际论证理论研究需要开放态度

论证理论研究有着悠久的历史，逻辑学是其传统学科领域。除了逻辑学，当代论证理论研究吸引着全球各地许多其他学科领域学者的关注。与会学者认为，要秉持开放态度，在比较视野下推动国际论证理论研究。

因明是古印度的逻辑学，是世界古代逻辑三大源流之一。因明论式有其独特的形式和论证力。南京大学哲学系王克喜认为，古代印度蓬勃发展的宗教文化推动着论辩活动盛行，论辩内容主要集中于教义的立破，含有强烈的宗教感情。在持续进行的宗教论辩活动中，论辩术不断成熟，因明论式亦萌芽并日益发展。《阿含经》中已经有了“知”“处”“喻”三支论式的描述，大体相当于西方逻辑中的结论、小前提、大前提。《正理经》提出了包括“量”“所量”等在内的正理派十六句义，确立了宗（论题）、因（论据）、喻（例证）、合（运用）、结（结论）五支论式。五支论式是一个论辩的程式，体现了论辩双方对论题的论证过程，它是一个论证式而不是推理式，在论式上与西方逻辑的三段论有本质的不同。此外，在因明发展中还曾出现过十支论式和七支论式，这与因明是一种注重辩胜的逻辑有关，辩胜的途径不像“有效性”的必然推出那样具有唯一性。因明论式的不断发展，是一个通过改善不足提升论证力的过程。因明的目的不是要探求必然性，它的功用是论证佛教教义的合理性和可接受性，它不会也不可能去追求所谓的必然推出，正因如此，不能把因明论式的推理与三段论进行简单比照，以至于忽视甚至抹杀日常思维实际推理过程和学理上的合逻辑的论式的区别。

中西文化和思维方式存在显著差异，其更深层面则是逻辑差异，始于19世纪末20世纪初的中西逻辑比较研究是中国逻辑学者的传统方法，在当今的逻辑学研究中仍然具有重要地位。华东师范大学哲学系晋荣东对加拿大学者拉尔夫·约翰逊以“论辩性外层”为必备要素之一的论证概念与我国学者冯契提出的“辩证法的论证”进行了比较。约翰逊认为论证是作为论证实践之结晶的话语或文本，除了推论性内核，论证还有一个论辩性外层，论证者在其中履行自己的论辩性义务。冯契在1980—1981年讲授的《逻辑思维的辩证法》中对形式逻辑的论证、反驳与辩证法的论证进行了区分，旨在探讨如何达到主客观统一的具体真理。据此，晋荣东认为，冯契通过强调“辩证法”的原始意义是通过论辩来寻求真理、提出“一致而百虑”是思维与认识矛盾运动的普遍规律，已经达到了与约翰逊所说的论证实践之论辩性类似的结论；冯契所说的“辩证法的论证”与约翰逊提出的“包含论辩性外层的论证”不仅高度相似，而且可以彼此结合。

在第二阶段会议上，中山大学哲学系谢耘、江苏大学外国语学院吴鹏、浙江大学哲学学院胡龙彪、浙江大学光华法学院魏斌、南开大学哲学院于诗洋、浙江大学城市学院应腾、山西大学哲学社会学学院谷成城、浙江大学哲学学院于翔等8位中青年学者分别以“古典类比论证理论：一个中西的比较”“论辩语用学发展新征程中的中国声音：现状与未来”“高尔吉亚存在论证明的是与非”“IBM Debater超越人类论辩了吗?”“诉诸威胁论证的论证形式以及批判性问题”“因果推理的形式论辩解释模型”“汉语论证的评价标准”“从广义论证视角看推类论证在中国秦汉语境中的特性”为题作了学术报告。

金立在会议总结时表示，中外论证理论与实践的比较研究是一个具有重要理论与现实价值的研究话题，不仅体现在问题本身，更体现在研究视角、研究方法的开创性。会上十三位学者报告主题均聚焦论证这一关键词，以中外对比为研究视角，不同思想、观点既有一致性，也存在内在张力和碰撞，必将有力推动论证理论研究的持续进行。

（本文编辑：顿新国）

《逻辑学动态与评论》稿约

《逻辑学动态与评论》是由中国逻辑学会与江苏省逻辑学会共同主办、南京大学现代逻辑与逻辑应用研究所承办的学术集刊，由中国社会科学出版社出版。每年出版两辑，向国内外发行。

本刊旨在反映国内外逻辑理论与应用前沿动态，开展深度学术评论，推动逻辑事业的发展。其特色在于立足理论研究与应用研究相结合的理念，反映逻辑学科各领域的新动向、新问题、新成果；开展对逻辑理论及应用研究前沿与热点问题以及逻辑教育问题的讨论；开展规范、健康的学术评论与学术争鸣；倡导问题导向的跨学科交叉研究。

本刊常设栏目为“前沿聚焦”和“学术评论”，并根据稿源情况设立动态栏目，如“逻辑史论苑”“逻辑与社会”“逻辑教育动态”“学术活动信息”“学术书评”等。

本刊以发表原创性学术论文为主，研究述评、会议综述及书评等需具有一定的学术评论深度。以在读研究生为第一或独立作者的论文，请附导师审阅与推荐意见。本刊亦接受外文投稿，若得采用，将约请相关专家译为中文发表。本刊亦发表反映国际前沿进展的学术译文（在投稿时须提供原版权所有者的授权协议）。

本刊学术论文稿件以1万—3万字为宜。为编辑工作方便，本刊采用与《南京大学学报》（人文社会科学版）相一致的发稿体例，特别是参考文献只采用脚注体例，每页重新编号。请投稿前按本刊已发表文章或近期《南京大学学报》的发稿体例仔细核对调整。鉴于当代逻辑学的跨学科发展趋势，本刊对脚注中的外文文献引用体例不做统一要求，但每篇文章自身的文献引用体例须完全一致。

本刊采编**接收稿件的邮箱为：** trilnju@ 163. com。投稿请使用 Word 文档，做到齐、清、定。符号与图表较多的稿件请附 PDF 文档，以便核对。来稿请注明作者单位及作者简介、联系方式，请务必使用真实姓名，发表时署名听便。基金项目论文，请在文后注明下达单位、项目名称和编号，项目与成果内容要有密切关联，以不超过三项为宜。

本刊采用规范的专家审稿制度，在收到稿件三个月内通知审稿结果。编辑部可能会根据有关编辑要求对来稿做一定删改，不同意删改者请在来稿时申明。来稿文责自负，切勿一稿多投，本刊不承担论文侵权等方面的连带责任。

本刊通信地址：江苏省南京市栖霞区仙林大道163号南京大学哲学系楼216室《逻辑学动态与评论》编辑部；邮编：210023；联系人：张顺。

衷心感谢中国逻辑学会常务理事会、江苏省逻辑学会常务理事会和海内外学界同人对本刊的支持。

《逻辑学动态与评论》编辑部